中国特色高水平高职学校项目建设成果
人才培养高地建设子项目改革系列教材

电子测量仪器

主　编◎陈　瑶
副主编◎王永强　邵　然　王远飞
主　审◎徐翠娟

中国铁道出版社有限公司
CHINA RAILWAY PUBLISHING HOUSE CO., LTD.

内容简介

本书是根据新颁布的《高等职业学校专业教学标准(试行)》,同时在参考相关职业资格标准的基础上编写而成的。全书采用项目任务式的模式编写,由六个项目和十四个任务构成,主要包括选用信号发生器、选用示波器、测量频率时间、测量电压、测量常用基本元器件参数和了解电子测量仪器的发展等内容。在内容编排上既注重了基础理论和基础技能相关知识的介绍,也关注新技术的应用,引导学生自主学习,提高学习的积极性。

本书适合作为高等职业学校电子信息工程技术专业的基础教材,也适合广大从事电子技术相关工作的人员参考。

图书在版编目(CIP)数据

电子测量仪器/陈瑶主编.—北京:中国铁道出版社有限公司,2022.3

中国特色高水平高职学校项目建设成果 人才培养高地建设子项目改革系列教材

ISBN 978-7-113-28846-4

Ⅰ.①电… Ⅱ.①陈… Ⅲ.①电子测量设备-高等职业教育-教材 Ⅳ.①TM93

中国版本图书馆 CIP 数据核字(2022)第 025332 号

书　　名: 电子测量仪器
作　　者: 陈　瑶

策　　划: 祁　云
责任编辑: 祁　云　包　宁　　**编辑部电话:** (010)63549458
封面设计: 郑春鹏
责任校对: 孙　玫
责任印制: 樊启鹏

出版发行: 中国铁道出版社有限公司(100054,北京市西城区右安门西街 8 号)
网　　址: http://www.tdpress.com/51eds
印　　刷: 北京铭成印刷有限公司
版　　次: 2022 年 3 月第 1 版　2022 年 3 月第 1 次印刷
开　　本: 850 mm×1 168 mm 1/16　**印张:** 11.5　**字数:** 285 千
书　　号: ISBN 978-7-113-28846-4
定　　价: 35.00 元

中国特色高水平高职学校项目建设系列教材
编审委员会

序

中国特色高水平高职学校和专业建设计划（简称“双高计划”）是我国为建设一批引领改革、支撑发展、中国特色、世界水平的高等职业学校和骨干专业（群）的重大决策建设工程。哈尔滨职业技术学院入选“双高计划”建设单位，对学院中国特色高水平学校建设进行顶层设计，编制了站位高端、理念领先的建设方案和任务书并扎实开展了人才培养高地、特色专业群、高水平师资队伍与校企合作等项目建设，借鉴国际先进的教育教学理念，开发中国特色、国际水准的专业标准与规范，深入推动“三教改革”，组建模块化教学创新团队，实施“课程思政”，开展“课堂革命”，校企双元开发活页式、工作手册式、新形态教材。为适应智能时代先进教学手段应用，学校加大优质在线资源的建设，丰富教材的信息化载体，为开发工作过程为导向的优质特色教材奠定基础。

按照教育部印发的《职业院校教材管理办法》要求，教材编写总体思路是：依据学校双高建设方案中教材建设规划、国家相关专业教学标准、专业相关职业标准及职业技能等级标准，服务学生成长成才和就业创业，以立德树人为根本任务，融入课程思政，对接相关产业发展需求，将企业应用的新技术、新工艺和新规范融入教材之中。教材编写遵循技术技能人才成长规律和学生认知特点，适应相关专业人才培养模式创新和课程体系优化的需要，注重以真实生产项目、典型工作任务及典型工作案例等为载体开发教材内容体系，实现理论与实践有机融合。

本套教材是哈尔滨职业技术学院中国特色高水平高职学校项目建设的重要成果之一，也是哈尔滨职业技术学院教材建设和教法改革成效的集中体现，教材体例新颖，具有以下特色：

第一，教材研发团队组建创新。按照学校教材建设统一要求，遴选教学经验丰富、课程改革成效突出的专业教师任主编，选取了行业内具有一定知名度的企业作为联合建设单位，形成了一支学校、行业、企业和教育领域高水平专业人才参与的开发团队，共同参与教材编写。

第二，教材内容整体构建创新。精准对接国家专业教学标准、职业标准、职业技能等级标准确定教材内容体系，参照行业企业标准，有机融入新技术、新工艺、新规范，构建基于职业岗位工作需要的体现真实工作任务、流程的内容体系。

第三，教材编写模式形式创新。与课程改革相配套，按照“工作过程系统化”“项目＋任务式”“任务驱动式”“CDIO式”四类课程改革需要设计四大教材编写模式,创新新形态、活页式及工作手册式教材三大编写形式。

第四,教材编写实施载体创新。依据本专业教学标准和人才培养方案要求,在深入企业调研、岗位工作任务和职业能力分析基础上,按照“做中学、做中教”的编写思路,以企业典型工作任务为载体进行教学内容设计,将企业真实工作任务、真实业务流程、真实生产过程纳入教材之中,并开发了教学内容配套的教学资源,满足教师线上线下混合式教学的需要,本套教材配套资源同时在相关平台上线,可随时下载相应资源,满足学生在线自主学习课程的需要。

第五,教材评价体系构建创新。从培养学生良好的职业道德和综合职业能力与创新创业能力出发,设计并构建评价体系,注重过程考核和学生、教师、企业等参与的多元评价,在学生技能评价上借助社会评价组织的 1 + X 考核评价标准和成绩认定结果进行学分认定,每种教材均根据专业特点设计了综合评价标准。

为确保教材质量,学院组成了中国特色高水平高职学校项目建设系列教材编审委员会,教材编审委员会由职业教育专家和企业技术专家组成,同时聘用企业技术专家指导。学校组织了专业与课程专题研究组,对教材持续进行培训、指导、回访等跟踪服务,有常态化质量监控机制,能够为修订完善教材提供稳定支持,确保教材的质量。

本套教材是在学校骨干院校教材建设的基础上,经过几轮修订,融入课程思政内容和课堂革命理念,既具积累之深厚,又具改革之创新,凝聚了校企合作编写团队的集体智慧。本套教材的出版,充分展示了课程改革成果,为更好地推进中国特色高水平高职学校项目建设做出积极贡献!

哈尔滨职业技术学院
中国特色高水平高职学校项目建设系列教材编审委员会
2021 年 8 月

前　言

“电子测量仪器”是电子信息类专业,特别是电子信息工程技术专业必修的基础课程。为了适应我国高职教育体系改革的需要,培养面向生产一线和管理一线的高技能人才,编写本书。书中吸收了相关理论与实践的新成就,根据现实工作岗位对从业人员必备基本知识与技能要求,注重人员职业能力培养。在电路、模拟电子技术、数字电子技术等方面阐述了电子测量的基本理论、基本技能和基本方法。

根据国家颁布的《高等职业学校电子信息工程技术专业教学标准(试行)》,以及教育部关于教材建设的相关文件编写。作为电子信息工程技术专业入门教材,针对高等职业学校及广大从事电子技术相关工作的人员需要予以编写。本书采用任务驱动、项目导向的教学模式编写,全书由六个项目和十四个任务构成,主要包括:选用信号发生器、选用示波器、测量频率时间、测量电压、测量常用基本元器件参数和了解电子测量仪器的发展等内容。

教材特色如下:

1. 在体系上以项目任务为主线,符合学生的认识过程和学习规律

本书在体系编排上,立足教师教学和学生学习,在全方位服务于师生的同时,兼顾了学生职业方向和用人单位需要。实现教学资源与教学内容的有效对接,融“教、学、做”为一体。内容编写延用项目式教学模式,改变了以知识能力点为体系的框架,以任务为主线组织编排内容,在每一任务中,紧紧围绕教学目标,引出任务,提出解决问题的引导和提供完成任务所需的信息资源,为让学生完成任务,提供了必要技术支持和帮助,完成任务后,设计了评价环节。这样的编排有利于生动活泼的、主动的和富有个性的学习活动的实现。

2. 在内容上采用理论与实践相结合的模式,关注新技术的发展

教材内容取舍的基本依据是该课程教学大纲中的基本要求。一方面注重基础理论和基础技能相关知识的介绍,满足学生掌握基本电子测量技术的培养要求。另一方面,随着科技的迅猛发展,教育观念的不断更新,特别要注意新器件、新技术的大量涌现和网络日益广泛应用的现状,教材内容中适当加入了电子测量技术发展的内容,结合培养目标加入了了解新知识、新技术的相关任务环节,提高课程内容的时代起点,从更现代的视野去审视课程的内容和它在培养过程中的地位与作用。

3. 在教法上以提高学习兴趣为出发点,充分体现“做中学”的理念

表现形式上融知识、体验、拓展、互动为一体,打造生动、立体课堂,提高学

生学习兴趣及主动性，改变传统学校的教学模式，体现"做中学"的理念，在完成任务的同时，自主地学习实际知识和技能。学生通过完成任务的需求，在小组中根据个人兴趣和能力的差异分工合作确定任务的分工，分头查阅资料或进行小组讨论，对任务的问题形成一定见解；教师组织全班或分组进行讨论，针对任务反映的问题，由学生提出解决方法，教师只作简短的点评或补充性、提高性的总结。使学生在参与任务分析的过程中独立思考、更好地理解自己必须掌握的知识点。

4. 在学习成果评价上实行多元开放评价，提高学习的积极性

摒弃传统固定、统一的评判标准，拒绝教师单一的评价，实行多元开放评价，指导开展自评和互评，最终的评价结果采用互评、自评和教师评价相互结合的方式体现。这样设计的优点在于能鼓励大胆尝试、探索和创造，发现自己点滴进步，保护学习的积极性，引发求知欲，使学生获得成功感，树立自信心，力求使每位学生都能在活动中获得成功体验和不同的发展。

本书由陈瑶任主编，王永强、邵然、王远飞任副主编。全书由徐翠娟主审。具体编写分工如下：项目一、项目二、项目六由陈瑶编写，项目三由王永强编写，项目四由邵然编写，项目五由王远飞编写，全书由陈瑶拟订大纲和总撰。本书在编写过程中吸收了国内外专家、学者的研究成果和先进理念，参考了大量相关的文献、著作，在此谨向所有专家、学者、参考文献的编者表示衷心的感谢！特别感谢固纬电子实业股份有限公司和优利德科技（中国）股份有限公司提供的书中使用仪器的技术支持，哈尔滨产品质量监督检验院杨健高级工程师为本书的学习任务提供的专业支持。

本书是编者集体智慧的结晶，虽已尽了最大努力，但难免有疏漏之处，恳请读者批评指正。

编　者

2021 年 10 月

目 录

项目一

选用信号发生器

项目引入

某电子产品制造公司为测试产品的性能，需要使用信号发生器模拟产品输入信号，下达了要求测试人员提供$10V_{pp}$，分辨率为1 mV，精确度为±2%，频率范围为25 MHz，分辨率为1 μHz，精确度为±2%的正弦波、方波和谐波的信号发生器的任务。公司的测试人员在接到任务后按照任务的技术指标要求，选择合适的信号发生器，并且测试信号发生器的输出，进行误差分析，保证提供的设备技术指标的准确性。

学习目标

- 能够根据测试要求选择信号发生器类型；
- 能够根据测试产品的技术指标选择信号发生器的技术指标；
- 能够熟练使用信号发生器完成测试任务；
- 能够依据误差分析理论熟练分析测量数据；
- 养成质量意识、安全意识、集体意识，培养团队合作精神。

项目实施

任务1 选择信号发生器

任务解析

按照项目要求信号发生器的技术指标为 $10V_{pp}$，分辨率为 1 mV，精确度为 ±2%，频率范围 25 MHz，分辨率为 1 μHz，精确度为 ±2%，能产生正弦波、方波和谐波的信号，选择信号发生器，了解信号发生器的作用和基本组成，掌握信号发生器的主要技术指标及其含义。通过这些知识的综合运用，运用网络查找符合要求的信号发生器，学会根据测试要求选择信号发生器。

知识链接

一、信号发生器的作用和基本组成

微课

信号发生器

1. 信号发生器的作用

能产生不同频率、不同幅度的规则或不规则波形的信号设备称为信号发生器。信号发生器在电子系统的研制、生产、测试、校准及维护中有着广泛的应用。例如，在电子测量中，一个系统电参数的数值或特性（如电阻的阻值、放大器的放大倍数、四端网络的频率特性等）必须在一定的电信号作用下才能表现出来。

一方面，可以借助于信号发生器，将其产生的信号作为输入激励信号，应用观察系统响应的方法进行测量。另一方面，许多电子系统的性能只有在一定信号的作用下才能显现出来，如扬声器、电视机等。扬声器只有在外加音频信号时才能发声，如果不给电视机外加电视信号，其屏幕上就不会有图像。和示波器、电压表、频率计等仪器一样，信号发生器是电子测量领域中最基本、应用最广泛的一类电子仪器。

在其他领域，信号发生器也有着广泛的应用，例如机械部门的超声波探伤、医疗部门的超声波诊断、频谱治疗仪等。归纳起来，信号发生器的用途主要有以下三个方面：

(1)激励源

在研制、生产、使用、测试和维修各种电子元器件、部件及整机设备时，都需要有信号发生器作为激励信号，由它产生不同频率、不同波形的电压、电流信号并加到被测器件设备上，用其他测量仪器观察、测量被测者的输出响应，以分析确定它们的性能参数。

(2)标准信号发生器

如标准的正弦波发生器、方波发生器、脉冲波发生器、电视信号发生器等。这些信号一类是用于产生一些标准信号，提供给某类设备测量专用；另一类是用作对一般信号发生器校准，又称校准源。

(3)信号仿真

若要研究设备在实际环境下所受到的影响，而又暂时无法到实际环境中测量时，可以利用信

号发生器给其施加与实际环境相同特性的信号来测量，这时信号发生器就要仿真实际的特征信号，如噪声信号、高频干扰信号等。

2. 信号发生器的分类

信号发生器的应用领域广泛，种类繁多，性能指标各异，分类方法亦不同。按用途有专用和通用之分；按性能有一般和标准信号发生器之分；按调试类型可以分为调幅、调频、调相、脉冲调制及组合调制信号发生器等；按频率调节方式可分为扫频、程控信号发生器等。下面介绍几种主要的分类方法。

按照输出信号的频率来分，大致可分为6类：超低频率信号发生器，频率范围为0.001～1 000 Hz；低频信号发生器，频率范围为1 Hz～1 MHz；视频信号发生器，频率范围为20 Hz～10 MHz；高频信号发生器，频率范围为200 kHz～30 MHz；甚高频信号发生器，频率范围为30 kHz～300 MHz；超高频信号发生器，频率在300 MHz以上。应该指出，按频段划分的方法并不是一种严格的界限，目前许多信号发生器可以跨越几个频段。

按输出的波形可以分为：正弦波信号发生器，产生正弦波形或受调制的正弦信号；脉冲信号发生器，产生脉冲宽度不同的重复脉冲；函数信号发生器，产生幅度与时间成一定函数关系的信号，它在输出正弦波的同时还能输出同频率的三角波、方波、锯齿波等波形，以满足不同的测试要求，因其时间波形可用某些时间函数来描述而得名；噪声信号发生器，模拟产生各种干扰的电压信号。

按照信号发生器的性能标准，可以分为一般的信号发生器和标准信号发生器。

标准信号发生器的技术指标要求较高，有的标准信号发生器用于为收音机、电视机和通信设备的测量校准提供标准信号；还有一类高精度的直流或交流标准信号发生器用于对数字万用表等高精度仪器或一般信号发生器进行校准，其输出信号的频率、幅度、调制系数等可以在一定范围内调节，而且准确度、稳定度、波形失真等指标要求很高。而一般信号发生器对输出信号的频率、幅度的技术指标要求相对低一些。

3. 信号发生器的基本组成

信号发生器的种类很多，信号产生方法各不相同，但其基本结构是一致的，如图1-1所示。它主要包括振荡器、变换器和输出电路。

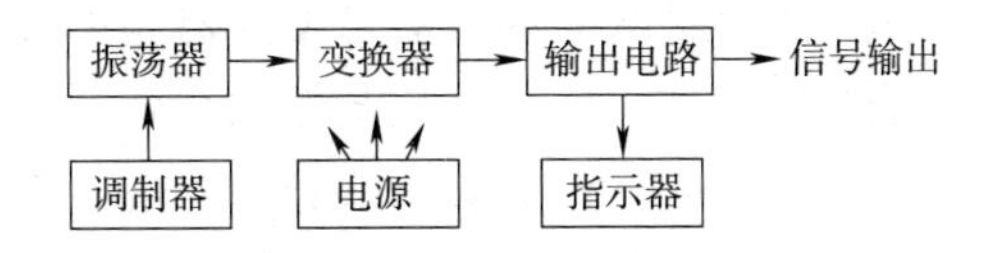

图1-1　信号发生器结构框图

(1)振荡器

振荡器是信号发生器的核心部分，由它产生各种不同频率的信号，通常是正弦波振荡器或自激脉冲发生器。它决定了信号发生器的一些重要工作特性，如工作频率范围、频率的稳定度等。

(2)变换器

变换器可以是电压放大器、功率放大器或调制器、脉冲形成器等，它将振荡器的输出信号进行放大或变换，进一步提高信号的电平并给出所要求的波形。

(3)输出电路

输出电路为被测设备提供所要求的输出信号电平或信号功率，包括调整信号输出电平和输出阻抗的装置,如衰减器、匹配用阻抗变换器、射极跟随器等电路。

二、信号发生器的主要技术指标

在各类信号发生器中,正弦信号发生器是最普通、应用最广泛的一类,几乎渗透所有电子学实验及测量中。其原因除了正弦信号容易产生,容易描述,又是应用最广的载波信号外,还由于任何线性双口网络的特性,都可以用它对正弦信号的响应来表征。

显然,由于信号发生器作为测量系统的激励源,则被测器件、设备的各项性能参数测量的质量,将直接依赖于信号发生器的性能。通常用频率特性、输出特性和调制特性(俗称三大指标)来评价正弦信号发生器的性能,其中包括30余项具体指标。不过由于各种仪器的用途不同,精度等级不同,并非每类每台产品都用全部指标进行考核。另外,各生产厂家出厂检验标准及技术说明书中的术语也不尽一致。这里仅介绍信号发生器中几项最基本、最常用的性能指标。

1. 频率特性

正弦信号的频率特性包括频率范围、频率准确度、频率稳定度三项指标。

(1)频率范围

频率范围指信号发生器所产生的信号频率范围,该范围内既可连续又可由若干频段或一系列离散频率覆盖,在此范围内应满足全部误差要求。例如国产 XD-1 型信号发生器,输出信号频率范围为1 Hz~1 MHz,分6挡,即6个频段,为了保证有效频率范围连续,两相邻频段间有相互衔接的公共部分,即频段重叠。又如 HP 公司 HP-8660C 型频率合成器产生的正弦信号的频率范围为10 kHz~2 600 MHz,可提供间隔为1 Hz总共近26亿个分立频率。

(2)频率准确度

频率准确度是指信号发生器盘(或数字显示)数值与实际输出信号频率间的偏差,通常用相对误差表示

$$\gamma=\frac{f_0-f_1}{f_1}\times100\% \tag{1-1}$$

式中,f_0为刻度盘或数字显示数值,又称预调值;f_1是输出正弦信号频率的实际值。频率准确度实际上是输出信号频率的工作误差。用刻度盘读数的信号发生器频率准确度约为±(1%~10%),精密低频信号发生器频率准确度可达±0.5%。例如,调谐式 XFC-6 型标准信号发生器,其频率标准优于±1%,而一些采用频率合成技术带有数字显示的信号发生器,其输出信号具有基准频率(晶振)的准确度,若机内采用高稳定度晶体振荡器,输出频率的准确度可达到$10^{-10}\sim10^{-8}$。

(3)频率稳定度

频率稳定度指标要求与频率准确度相关。频率稳定度是指其他外界条件恒定不变的情况下,在规定时间内,信号发生器输出频率相对于预调值变化的大小。按照国家标准,频率稳定又分为频率短期稳定度和频率长期稳定度。频率短期稳定度定义为信号发生器经过规定的预热时间后,信号频率在任意15 min内所发生的最大变化,表示为

$$\delta=\frac{f_{max}-f_{min}}{f_0}\times100\% \tag{1-2}$$

式中,f_0为预调频率;f_{max}、f_{min}分别为任意15 min的信号频率的最大值和最小值。频率长期稳定度定义为信号发生器经过规定的预热时间后,信号频率在任意3 h所发生的最大变化。

需要指出，许多厂商的产品技术说明书中，并未按上述方式给出频率稳定度指标。例如，国产HG1010信号发生器和（美）KH4024信号发生器的频率稳定度都是0.01%/h，含义是经过规定的预热时间后，两种信号发生器每小时（h）的频率漂移($f_{max}-f_{min}$)与预调值f_0之比为0.01%。

有些则以天为时间单位表示稳定度，例如，国产QF1480合成信号发生器频率稳定度为5×10^{-10}/天，而QF1076信号发生器（频率范围10 MHz～520 MHz）频率稳定度为50×10^{-6}/5 min + 1 kHz，是用相对值和绝对值的组合形式表示稳定度。又如，国产XD-1型低频信号发生器通电预热30 min后，1 h内频率漂移不超过$0.1\%\times f_0$(Hz)，其后7 h内不超过$0.2\%\times f_0$(Hz)。

通常，通用信号发生器的频率稳定度为$10^{-2}\sim10^{-4}$，用于精密测量的高精度高稳定度信号发生器的频率稳定度应高于$10^{-7}\sim10^{-6}$，而且要求频率稳定度一般应比频率准确度高1～2个数量级。例如XD-2型低频信号发生器的频率稳定度优于0.1%，频率准确度优于±（1%～3%）。

2. 输出特性

输出特性指标主要有输出阻抗、输出电平、稳定度及平坦度等项指标。

（1）输出阻抗

作为信号发生器，输出阻抗的概念在“电路”或“电子电路”课程中都有说明。信号发生器的输出阻抗视其类型不同而异。低频信号发生器，电压输出端的输出阻抗一般为600 Ω（或1 kΩ），功率输出端是依输出匹配变压器的设计而定，通常有50 Ω、75 Ω、150 Ω、600 Ω和5 kΩ等挡。高频信号发生器一般仅有50 Ω或75 Ω挡。当使用高频信号发生器时，要特别注意阻抗的匹配。

（2）输出电平

输出电平指的是输出信号幅度的有效范围，即由产品标准规定的信号发生器的最大输出电压和最大输出功率及其衰减范围内所得到输出幅度的有效范围。输出幅度可以用电压（V、mV、μV）或分贝表示。

（3）输出信号幅度稳定度及平坦度

幅度稳定度是指信号发生器经规定时间预热后，在规定时间间隔内输出信号幅度对预调幅度值的相对变化量。例如，HG1010信号发生器幅度稳定度为0.01%/h。平坦度分别指温度、电源、频率等引起的输出幅度变动量。使用者通常主要关心输出幅度随频率变化的情况。像用静态“点频法”测量放大器的幅频特性时就是如此。现代信号发生器一般都有自动电平控制电路（ALC），可以使平坦度保持在±1 dB以内，即幅度波动控制在±10%以内，例如XD-8B型超低频信号发生器的幅频特性小于3%。

3. 调制特性

高频信号发生器在输出正弦波的同时，一般还能输出一种或两种以上的已被调制的信号。

多数情况下是调幅信号和调频信号，有些还带有调相和脉冲调制功能。当调制信号由信号发生器内部产生时称为内调制，当调制信号由外部加到信号发生器时，称为外调制。这类带有输出已调波功能的信号发生器，是测试无线电收发设备等场合不可缺少的仪器。例如，XFC-6标准信号发生器，就具备内、外调幅，内、外调频，或进行内调幅时进行外调频，或同时进行外调幅与外调频等功能。而像HP8663这类高档合成信号发生器，同时具有调幅、调频、调相、脉冲调制等功能。

评价信号发生器的性能指标不止上述各项，这里仅就最常用的、最重要的项目作了概括介绍。由于使用目的、制造工艺、工作机理等方面的因素，各类信号发生器的性能指标相差悬殊，因而价格相差也就很大，所以在选用信号发生器时（选用其他测量仪器也是如此），必须考虑合理性和经济性。以对频率的准确度要求为例，当测试谐振回路的频率特性、电阻值和电容损耗角随频率变化时，仅需要 $\pm 1\times 10^{-3} \sim \pm 1\times 10^{-2}$ 的准确度，而当测试广播通信设备时，则要求 $\pm 10^{-7} \sim \pm 10^{-5}$ 的准确度，显然，两种场合应当选用不同档次的信号发生器。

任务实施

本任务建议分组完成，每组 4 ~ 5 人（包括组长 1 人），组内成员分别独自完成知识链接相关知识的学习，组长根据成员的学习情况进行分工，各成员根据分工通过分头查阅资料，参加小组讨论，完成相应的工作。

①学习相关知识，分解任务，进行小组分工。

任务分工表

<table>
<tr><td>任务名称</td><td colspan="4"></td></tr>
<tr><td>小组名称</td><td colspan="2"></td><td>组长</td><td></td></tr>
<tr><td rowspan="5">小组成员</td><td>姓名</td><td></td><td>学号</td><td></td></tr>
<tr><td>姓名</td><td></td><td>学号</td><td></td></tr>
<tr><td>姓名</td><td></td><td>学号</td><td></td></tr>
<tr><td>姓名</td><td></td><td>学号</td><td></td></tr>
<tr><td>姓名</td><td></td><td>学号</td><td></td></tr>
<tr><td rowspan="6">小组分工</td><td>姓名</td><td colspan="3">完成任务</td></tr>
<tr><td></td><td colspan="3"></td></tr>
<tr><td></td><td colspan="3"></td></tr>
<tr><td></td><td colspan="3"></td></tr>
<tr><td></td><td colspan="3"></td></tr>
<tr><td></td><td colspan="3"></td></tr>
</table>

②分析应选择的信号发生器类型（30 分）。

根据信号发生器的作用和原理的相关知识，列出波形分类（10 分）。信号发生器分为哪几类（10 分）？按照任务的要求应该选择什么信号发生器（10 分）？

③技术指标的选择(30分)。

信号发生器的频率特性和输出特性都包括哪些性能指标(15分)？按照任务的要求应该选择什么性能指标的信号发生器(15分)？

④登录固纬电子(苏州)有限公司官网，查找AFG-2225任意波形信号发生器，了解该信号发生器的性能指标，判断是否满足项目的要求，填入选择的信号发生器仪器性能指标核准表(40分)。

选择的信号发生器性能指标核准表

序号	性能指标	性能指标要求	所选仪器性能指标	是否符合要求	分　数
1	幅度	$10V_{pp}$			5分
2	幅度分辨率	1 mV			5分
3	幅度精确度	±2%			5分
4	频率范围	25 MHz			5分
5	频率分辨率	1 μHz			5分
6	频率精确度	±2%			5分
7	波形类型	正弦波、方波和谐波			10分

任务测评

教师引导学生对任务进行分析和讨论，针对任务反映的问题，根据各组提出解决方法，作简短的点评或补充性、提高性的总结，并指导各组进行组内互评，最后完成总体评价，评价结果填入组内互评表和任务评价总表。

组内互评表

任务名称						
小组名称						
评价标准	如任务实施所示,共100分					
序号	分值	组内互评(下行填写评价人姓名、学号)				平均分
1	30					
2	30					
3	40					
总　分						

任务评价总表

任务名称						
小组名称						
评价标准	如任务实施所示,共100分					
序号	分值	自我评价(50%)			教师评价(50%)	单项总分
		自评	组内互评	平均分		
1	30					
2	30					
3	40					
总　分						

任务2 使用信号发生器

任务解析

完成任务1的分析后,固伟公司生产的AFG-2225任意波形信号发生器能满足任务的需求,通过学习该信号发生器操作方法,了解信号发生器的基本原理,学会信号发生器的使用方法。

知识链接

一、低频信号发生器原理

低频信号发生器是信号发生器大家族中一个非常重要的组成部分,在模拟电子线路与系统设计、测试和维修中获得广泛应用,其中最明显的一个例子是收音机、电视机、有线广播和音响设备中的音频放大器。事实上,“低频”就是从“音频”(20 Hz ~ 20 kHz)的含义演化而来的。由于其他电路测试的需要，频率向上向下分别延伸至超低频和高频段。现在一般“低频信号发生器”是指1 Hz～1 MHz频段，最新的低频信号发生器的频率范围已达1 Hz～10 MHz，输出波形以正弦波为主，或兼有方波及其他波形的发生器。

通用低频信号发生器的组成框图如图1-2所示。

主要包括：主振级、电压放大器、输出衰减器和指示电压表以及有关调节装置。

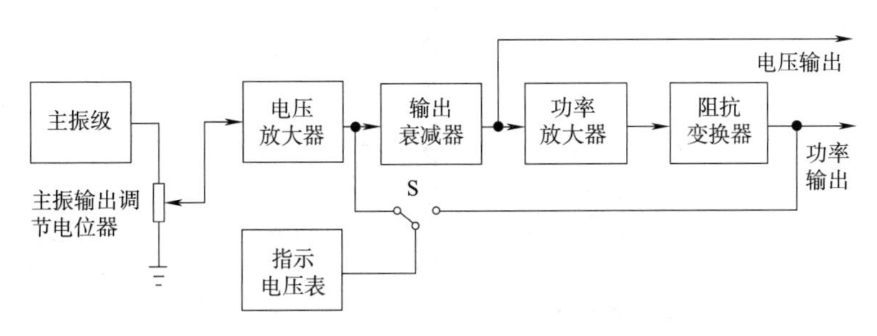

图1-2　通用低频信号发生器的组成框图

主振级产生低频正弦振荡信号，经电压放大器放大，达到电压输出幅度的要求，经输出衰减器可直接输出电压，用主振输出调节电位器调节输出电压的大小。电压输出端的负载能力很弱，只能供给电压，故为电压输出。振荡信号再经功率放大器放大后，才能输出较大的功率。阻抗变换器用来匹配不同的负载阻抗，以便获得最大的功率输出。电压表通过开关换接，测量输出电压或输出功率。

主振器是低频信号发生器的核心，它产生频率可调的正弦信号，它决定了信号发生器的有效频率范围和频率稳定度。低频信号发生器中产生振荡信号的方法很多，但现代低频信号发生器中主振器广泛采用RC文氏电桥振荡器，如图1-3所示，文氏电桥振荡器由两级RC网络和放大器组成。

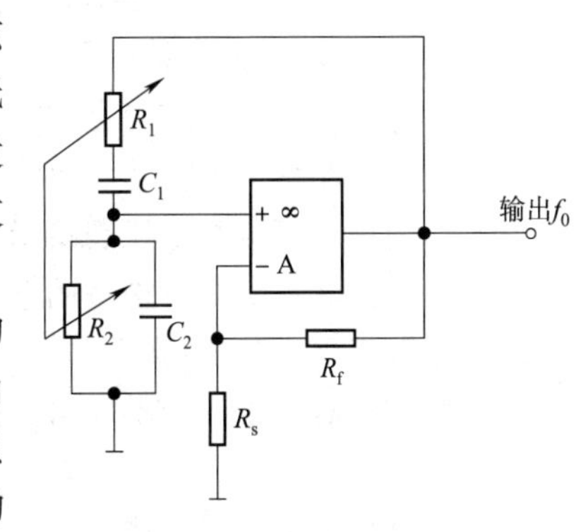

图1-3　RC文氏电桥振荡器

图中R_1、C_1、R_2、C_2组成RC选频网络，它跨接于放大器的输入端和输出端之间，形成正反馈，产生正弦振荡，振荡频率由选频网络中的元件参数决定。A为两级放大器。R_f、R_s组成负反馈臂，起到稳定输出信号幅度和减小失真的作用。该电路的振荡频率f_0为

$$f_0=\frac{1}{2\pi\sqrt{R_1C_1R_2C_2}} \tag{1-3}$$

调节R(R_1和R_2)的大小可以改变输出信号的频率，调节C(C_1和C_2)也可以改变频率。通常R用于细调频率，C用于粗调频率范围。输出信号的幅度由输出衰减器控制。

电压放大器兼有隔离和电压放大的作用。隔离是为了不使后级电路影响主振器的工作；放大是把振动器产生的微弱振荡信号进行放大，使信号发生器的输出电压达到预定的技术指标，要求其具有输入阻抗高、输出阻抗低（有一定的带负载能力）、频率范围宽、非线性失真小等性能。一般采用射极跟随器或运放组成的电压跟随器。

输出衰减器如图1-4所示，用于改变信号发生器的输出电压或功率，通常分为连续调节和步

进调节。连续调节由电位器实现,又称细调;步进调节由电阻分压器实现,并以分贝值为刻度,又称粗调。

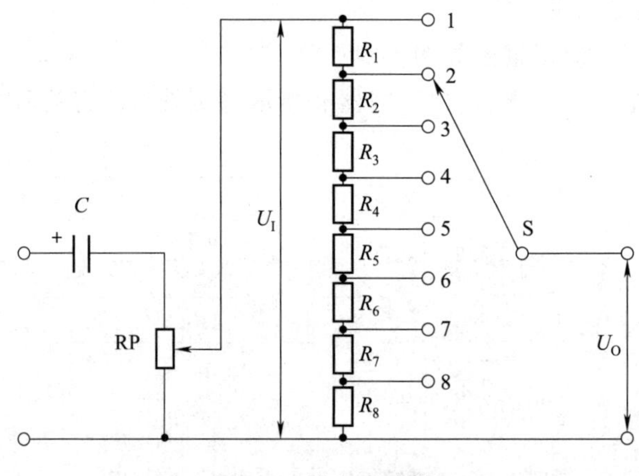

图 1-4 输出衰减器

信号发生器对步进衰减量的表示通常有两种:一种是直接用步进衰减器的输出电压 U_O 与输入电压 U_I 的比值来表示,即 U_O/U_I;另一种是将上述的比值取对数再乘以 20,即 $-20\lg(U_O/U_I)$,单位为分贝(dB)。例如,当 $U_O/U_I=0.1$ 时,表示衰减为 1/10,对数表示则为 20 dB。

衰减分贝数(dB)与衰减倍数的关系见表 1-1。

表 1-1 衰减分贝数(dB)与衰减倍数的关系表

衰减分贝数(dB)	10	20	30	40	50	60	70	80	90
电压衰减倍数	3.16	10	31.6	100	316	1 000	3 160	10 000	31 600

实际输出电压应是电压表指示的电压值被衰减的分贝数相对应的倍数来除所得到的结果。

功率放大器对衰减器送来的电压信号进行功率放大,使之达到额定功率输出。要求功率放大器的工作效率高,谐波失真小。

阻抗变换器用于匹配不同阻抗的负载,以便获得最大输出功率。使输出信号失真小,获得最佳负载输出。

指示电压表用于指示输出端输出电压的幅度,或对外部信号电压进行测量,输出指示有指针式电压表、数码 LED、LCD 等形式。

正弦波信号的输出电压,可通过调节旋钮根据实际需要进行调节。

二、高频信号发生器原理

高频信号发生器又称射频信号发生器,信号的频率范围在几十千赫到几百兆赫之间,广泛应用在高频电路测试中。为了测试通信设备,这种仪器具有一种或一种以上的组合调制(包括正弦调幅、正弦调频以及脉冲调制)功能。其输出信号的频率、电平、调制度可在一定范围内调节并能准确读数。高频信号发生器框图如图 1-5 所示。

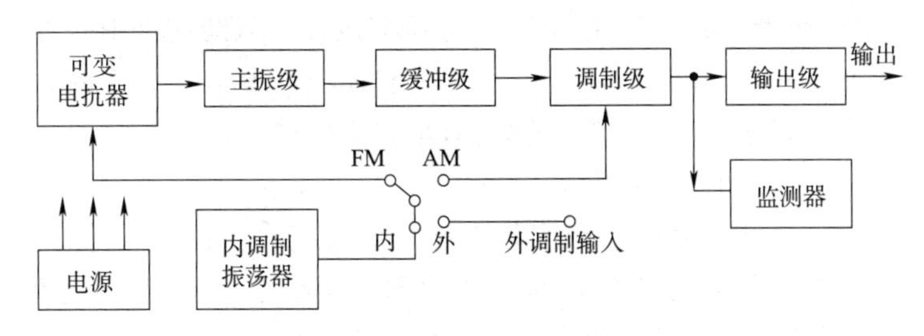

图 1-5　高频信号发生器组成框图

高频信号发生器主要由主振级、缓冲级、调制级、内调制振荡器、输出级、监测器和电源组成。主振级产生的高频正弦信号,经缓冲级送入调制级,用内调制振荡器或外调制输入的音频信号调制,再送到输出级,以保证有一定的输出电平调节范围和恒定的源阻抗。监视器用来测量输出信号载波的电平和调幅系数。

1. 主振级

主振级就是载波发生器,又称高频振荡器,其作用是产生高频等幅信号。振荡电路通常采用LC 振荡器。通常通过切换振荡回路中不同的电感 L 来改变频段,通过改变振荡回路中的电容 C 来改变振荡频率的调节。

2. 缓冲级

主要起隔离放大的作用,用来隔离调制级对主振级可能产生的不良影响,以保证主振级工作稳定,并将主振信号放大到一定的电平。

3. 调制级

主要完成对主振信号的调制。

4. 内调制振荡器

供给符合调制级要求的正弦调制信号。

5. 输出级

主要由放大器、滤波器、输出微调、输出衰减器等组成。

6. 监测器

监测器输出信号的载波电平和调制系数。

三、合成信号发生器

合成信号发生器是借助电子技术及计算机技术将一个(或几个)基准频率通过合成产生一系列满足实际需要频率的信号发生器。其基准信号通常由石英晶体振荡器产生。

1. 合成信号发生器产生的原因

随着电子科学技术的发展,对信号频率的稳定度和准确度提出了愈来愈高的要求。例如在无线电通信系统中,蜂窝通信频段在 912 MHz 并以 30 kHz 步进,为此,信号频率稳定度的要求必须优于 10^{-6}。同样,在电子测量技术中,如果信号发生器频率的稳定度和准确度不够高,就很难做到对电子设备特性进行准确测量。因此,频率的稳定度和准确度是信号发生器的一个重要的技术指标。

在以 RC、LC 为主振荡器的信号发生器中，频率准确度一般只能达到 10^{-2}量级，频率稳定度只能达到 10^{-3} ~ 10^{-4}量级，远远不能满足现代电子测量和无线电通信等方面的要求。另外，以石英晶体组成的晶体振荡器日稳定度优于 10^{-8}量级，但是它只能产生某些特定的频率，为此需要采用频率合成技术，产生一定频段的高稳定度的信号。

频率合成技术是对一个或几个高稳定度频率进行加、减、乘、除算术运算，得到一系列所要求的频率信号。采用频率合成技术做成的信号发生器称为频率合成器，用于各种专用设备或系统中，例如通信系统中的激励源和本振。用这种技术做成通用的电子仪器，称为合成信号发生器。

频率的加、减通过混频获得，乘、除通过倍频、分频获得，采用锁相环也可以实现加、减、乘、除运算。合成信号发生器可工作于调制状态，可对输出电平进行调节，也可输出各种波形，它是当前应用最广泛且性能较高的信号发生器。

2. 频率合成的原理

在现代测量和现代通信技术中，需要高稳定度、高纯度的频率信号发生器。这种高稳定度的信号不能用 LC 或 RC 振荡器（稳定度只能达到 10^{-4} ~ 10^{-3}量级）产生，而一般采用晶体振荡器（稳定度可以优于 10^{-8} ~ 10^{-6}量级）来产生，但晶体振荡器只能产生一个固定的频率。当要获得许多稳定的信号频率时，采用很多个晶体振荡器来产生是不现实的，而采用频率合成的方法就能方便地实现。

频率合成是由一个或多个高稳定的基准频率（一般由高稳定的石英晶体振荡器产生），通过基本的代数运算（加、减、乘、除），得到一系列所需的频率。通过合成产生的各种频率信号，频率稳定度可以达到与基准频率源基本相同的量级。与其他方式的正弦波信号发生器相比，信号发生器的频率稳定度可以提高 3 ~ 4 个数量级。

频率的代数运算是通过倍频、分频及混频技术实现的。分频实现频率的除，即输入频率是输出频率的某一整数倍。倍频实现频率的乘，即输出频率为输入频率的整数倍。频率的加减则是通过频率的混频来实现。

3. 频率合成的分类及特点

频率合成技术随着集成电路技术的发展而不断地发展和完善。当前主要的频率合成方式有：直接频率合成和锁相式频率合成，直接频率合成又可以分为模拟直接频率合成和数字直接频率合成。

(1)直接频率合成

模拟直接频率合成是借助电子线路直接对基准频率进行算术运算，输出各种需要的频率。

鉴于采用模拟电子技术，所以又称直接模拟频率合成（Direct Analog Frequency Synthesis，DAFS）。

如基准频率源（石英晶体振荡器）产生 1 MHz 基准频率，产生 4.628 MHz 波形（见图 1-6），通过谐波发生器产生 2 MHz、3 MHz、…、9 MHz 等谐波频率，连同 1 MHz 基准频率一起并接在纵横制接线的电子开关上，通过电子开关取出 8 MHz、2 MHz、6 MHz、4 MHz 信号，再经过 10 分频器（完成 ÷10 运算）、混频器（完成加法或减法运算）和滤波器，最后产生输出信号。

模拟直接频率合成的优点是工作可靠，频率转换速度快，但是需要大量的混频器、分频器和窄带滤波器，这样，造成体积大，难以集成化，所以价格昂贵。但是，直接频率合成切换频率的速度快，至今仍是其优点。

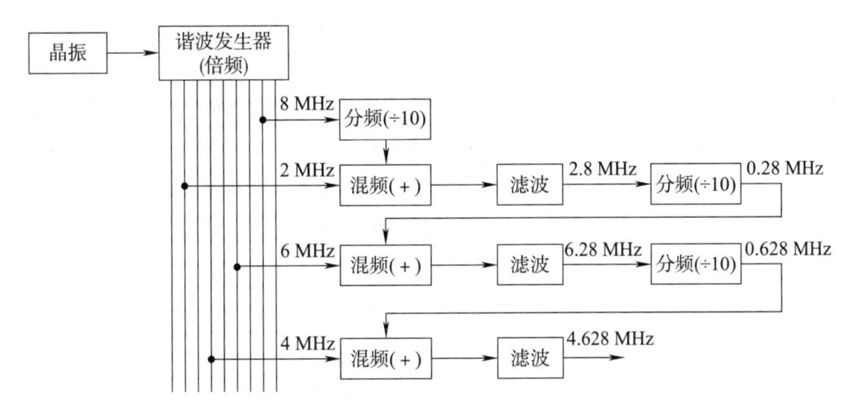

图 1-6　模拟直接合成 4.628 MHz 波形原理图

(2)锁相式频率合成

锁相环是一个相位环负反馈控制系统,该环路由鉴相器(PD)、环路低通滤波器(LPF)、压控振荡器(VCO)及基准晶体振荡器等部分组成,其基本原理如图 1-7 所示。

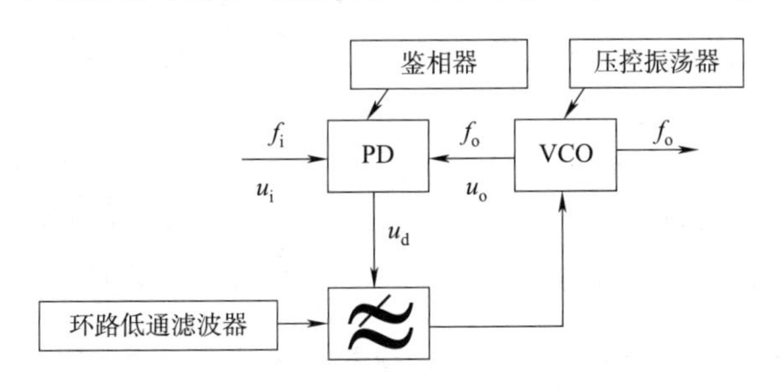

图 1-7　锁相环原理图

图 1-7 中的鉴相器是一个相位比较电路,用于检测输入信号 u_i 与反馈信号 u_o 之间的相位差,其输出为误差电压 u_d。环路滤波器实际上是一个低通滤波器,用于滤除误差电压 u_d 中的高频成分和噪声,达到稳定环路工作及改善环路性能的目的。压控振荡器的输出频率受控制电压的控制,鉴相器输出的误差电压经过环路滤波器滤波后,去控制压控振荡器的输出信号频率,实现了相位的反馈控制,将输出信号频率 f_o 锁定在输入信号频率 f_i 上。当环路稳定时,$f_o=f_i$,它们具有同等的稳定度,或者说锁相式频率合成器的频率稳定度可以提高到晶体振荡器的质量水平。

当压控振荡器输出频率 f_o 由于某些原因发生变化时(称为锁相环的失锁),相应相位也发生变化,该相位变化在鉴相器中与基准晶振频率的稳定相位比较,使得鉴相器输出一个与相位差成比例的电压 u_d,该电压经低通滤波检出直流分量去控制压控振荡器的输出频率,使压控振荡器的输出频率 f_o 向输入频率 f_i 方向拉动,产生了所谓的频率牵引现象,随着压控振荡器的输出频率 f_o 向输入频率 f_i 方向逐渐拉动,u_d 相应地逐渐变小,最后,不但使压控振荡器输出频率和基准晶振一致,而且相位也趋于同步,这时称为环路相位锁定。同样若改变输入基准频率 f_i,也会引起鉴相器输出电压 u_d 发生变化,进而驱动 VCO 的输出频率及相位与输入一致并进入锁定状态。

当环路锁定时,VCO 的输出频率 $f_o=f_i$,若 f_i 变化,f_o 也跟随着变化,维持 $f_o=f_i$ 的关系,这就是环路的跟踪性。但是 f_i 变化必须在一定范围内,f_o 才能跟踪 f_i,超出这一范围 f_o 将无法跟踪输

入频率 f_i 的变化而"失锁"。将锁定条件下输入频率所允许的最大变化范围称为同步带宽，它表明了锁定状态下 VCO 的最大频率变化范围。

锁相环的工作过程是一个从失锁状态→频率牵引→锁定状态的过程，锁相环从失锁状态进入锁定状态是有条件的，当锁相环刚开始工作时，锁相环处于失锁状态，VCO 的输出频率 f_o 与输入参考频率 f_i 之间存在一个频差 $\Delta f_o=f_o-f_i$，只要当 Δf_o 减小到一定值，环路才能从失锁状态进入锁定状态。因此将环路最终能够自行进入锁定状态的最大允许的频差称为捕捉带宽。当失锁状态下的频差 Δf_o 小于捕捉带宽时，锁相环总能进入锁定状态。

在锁相式频率合成信号发生器中，需要采用不同形式的锁相环，以便产生在一定频率范围内步进的或连续可调的输出频率，常见的锁相环形式主要有以下几种。

①倍频式锁相环（倍频环）。倍频环是实现对输入频率进行乘法运算的锁相环。其原理框图如图 1-8 所示。

它是在反馈回路中加入数字分频器，将输出信号 N 分频后送入相位比较器，与基准频率信号进行比较，当环路锁定时，$f_o=Nf_i$。倍频锁相环一般用符号 NPLL 表示。

②分频式锁相环（分频环）。分频环实现对输入频率的除法运算，如图 1-9 所示。

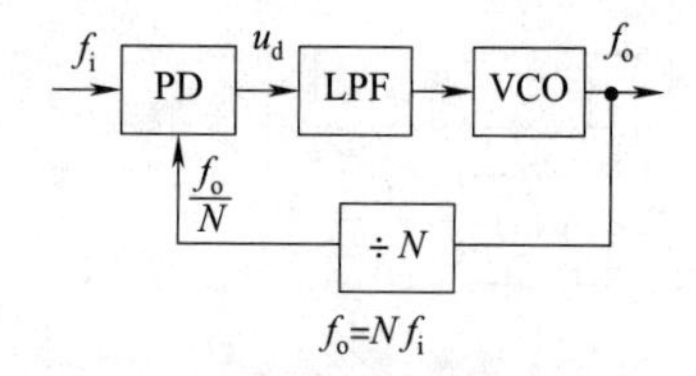

图 1-8 倍频式锁相环原理框图

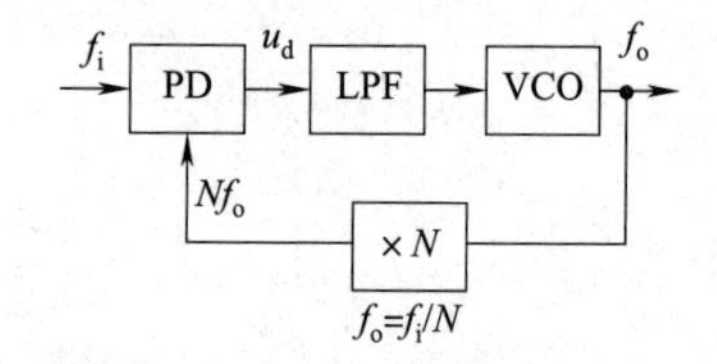

图 1-9 分频式锁相环原理框图

与倍频不同的是，分频器置于锁相环外，分频器的输出频率与 VCO 的输出频率进行相位比较，则当环路锁定时，同样有 $f_o=f_i/N$。

③混频式锁相环（混频环）。混频环实现对频率的加减运算，如图 1-10 所示。

输出频率 f_o 与输入频率 f_{i2} 混频后取差频 $f_o\pm f_{i2}$ 与输入频率 f_{i1} 进行相位比较，因此，环路锁定后，$f_o=f_{i1}\pm f_{i2}$。如果 f_{i2} 采用高稳定的石英晶体振荡器，f_{i1} 采用可调的 LC 振荡器，则可以实现 f_o 在一定范围内的连续可调，而且当 f_{i2} 比 f_{i1} 高得多时，输出频率稳定度仍可达到与输入频率 f_{i2} 同一量级。

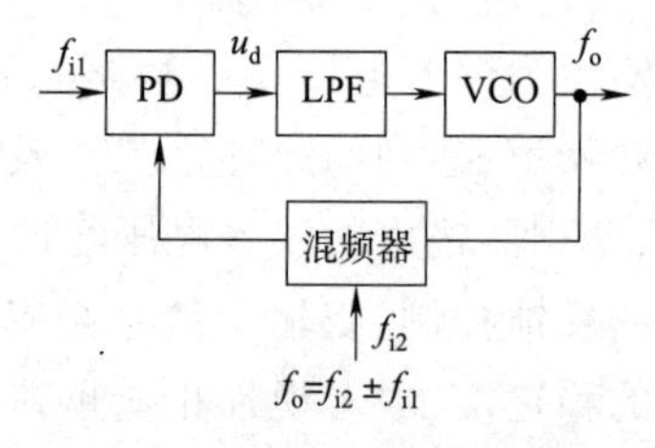

图 1-10 混频式锁相环原理框图

从以上可知，由于在锁相环的反馈支路中加入频率运算电路（加、减、乘、除等），所以，锁相环的输出频率 f_o 是基准频率 f_i 经有关数学运算的结果，环路不同，数学运算的结果不同。在锁相环频率合成信号发生器中，倍频式锁相环和混频式锁相环获得更多的应用，N 值可以借助计算机实现程控设定。

锁相合成法克服了直接合成法的许多缺点，特别是集成技术的发展，使锁相合成法的优点——体积小、功耗小、价格低，且适合大规模生产更为突出，从而在频率合成中获得广泛应用。由于锁相式频率合成具有极宽的频率范围和十分良好的寄生信号抑制特性，从而输出频谱纯度很高，而且输出频率易于用微机控制，锁相技术在频率合成器中的应用至今仍占重要地位。

(3)直接数字频率合成技术

直接数字频率合成的过程如图 1-11 所示,是在标准时钟的作用下,通过控制电路按照一定的地址关系从数据存储器 ROM(或 RAM)单元中读出数据,再进行数模转换(D/A),就可以得到一定频率的输出波形。由于输出信号(在 D/A 的输出端)为阶梯状,为了使之成为理想正弦波还必须进行滤波,滤除其中的高频分量,所以在 D/A 之后接平滑滤波器,最后输出频率为 f 的正弦信号波形。

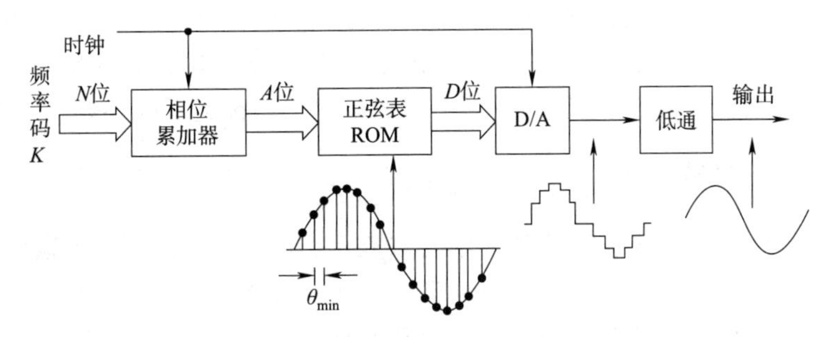

图 1-11　直接数字频率合成原理框图

直接数字合成(Direct Digital Synthesis,DDS)的基本原理是基于采样技术和计算技术,通过数字合成生成频率和相位对于固定的参考频率可调的信号。

任何频率的正弦波形都可以看作由一系列采样点所组成。设采样时钟频率为 f_c,正弦波每个周期由 K 个采样点构成,则该正弦波的频率为

$$f_0 = \frac{1}{KT_c} = \frac{f_c}{K} \tag{1-4}$$

式中,T_c 为采样时钟周期。

如果改变采样时钟频率 f_c,则可以改变输出正弦波的频率 f_o。

如果将一个完整周期的正弦波形幅值数据存放于波形存储器 ROM 中,地址计数器在参考时钟 f_c 的作用下进行加 1 的累加计数,生成对应的地址,并将该地址存储的波形数据,通过 D/A 转换器输出,就完成了合成的波形。其合成波形的输出频率取决于两个因数:参考时钟频率 f_c、ROM 中存储的正弦波。因此改变时钟频率 f_c 或改变 ROM 中每周期波形的采样点数 K,均能改变输出频率 f_o。

如果改变地址计数器计数步进值[即以值 $M(M>1)$ 来进行累加],则在保持时钟频率 f_c 和 ROM 数据不变的情况下,可以改变每周期的采样点数,从而实现输出频率 f_o 的改变。例如,设存储器中存储了 K 个数据(一个周期的采样数据),则地址计数器步进为 1 时,输出频率 $f_o = f_c/K$,如果地址计数步进为 M,则每周期采样点数为 K/M,输出频率 $f_o = (M/K)f_c$。

地址计数器步进值改变可以通过相位累加器法来实现。相位累加器在参考时钟 f_c 作用下进行累加,相位累加的步进幅度(相位增量 Δ)由频率控制字 M 决定。设相位累加器为 N 位(其累加值为 K),频率控制字为 M,则每来一个时钟作用后累加器的值 $K_i + 1 = K_i + M$,若 $K_i + 1 > 2N$ 则自动溢出(N 为累加器中的余数保留),参加下一次累加。将累加器输出中的高 $A(A<N)$ 位数据作为波形存储器的地址,即丢掉了低位$(N-A)$的地址(又称相位截尾),波形存储器的输出经 D/A 转换和滤波后输出。

如果正弦波形定位到相位圆上的精度为 N 位，则其分辨力为 $1/2N$，即以 f_c 对基本波形一周期的采样数为 $2N$。如果相位累加时的步进为 M（频率控制字），则每个时钟 f_c 使得相位累加器的值增加 $M/2N$，即 $K_i+1=K_i+(M/2N)$，因此每周期的采样点数为 $2N/M$，则输出频率为

$$f_o=\frac{M}{2^N}f_c \tag{1-5}$$

为了提高波形相位精度，N 的取值应较大，如果直接将 N 全部作为波形存储器的地址，则要求采用的存储器容量极大，一般舍去 N 的低位，只取 N 的高 A 位（如高 16 位）作为存储器地址，使得相位的低位被截断（即相位截尾）。当相位值变化小于 $1/2A$ 时，波形幅值并不会发生变化，但输出频率的分辨力并不会降低，由于地址截断而引起的幅值误差称为截断误差。

三、函数信号发生器原理

函数信号发生器

在低频（或超低频）信号发生器的家族中，还有一种被称为函数信号发生器，简称函数发生器，它在输出正弦波的同时还能输出同频率的三角波、方波、锯齿波等波形，以满足不同的测试要求，因其时间波形可用某些时间函数来描述而得名。

函数发生器一般能输出方波、三角波、锯齿波、正弦波等波形，具有较宽的频率范围（0.1 Hz 到几十兆赫）及较稳定的频率。具有可变的上升时间（对方波）以及可变的直流补偿，具有较高的频率准确度和较强的驱动能力，波形失真应比较小。函数发生器的典型原理框图如图 1-12 所示。

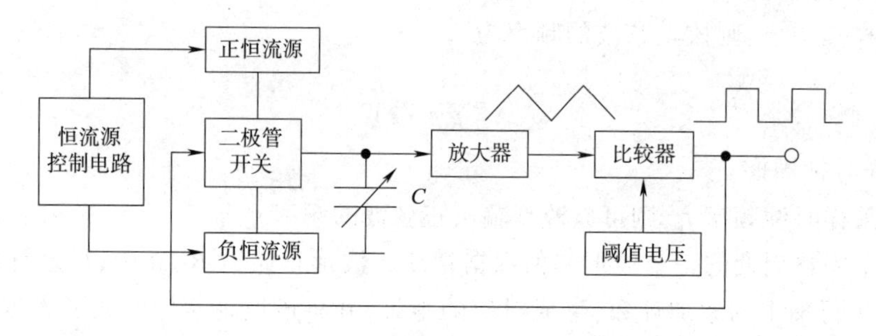

图 1-12　函数发生器的原理框图

函数信号发生器采用恒流对积分器中的电容器进行充、放电来产生三角波和方波。

二极管开关在电压比较器输出的开关信号作用下，用于控制恒流源对电容器进行充、放电。当正向恒流源对电容器进行充电时，电容器上的电压线性上升，若达到电压比较器的正阈值时，电压比较器电路状态翻转，迫使二极管开关状态改变，于是电容器对反向恒流源放电；若电容器上的电压降至电压比较器的负阈值时，电压比较器和电子开关的状态随之翻转，周而复始，于是在电容器上得到三角波，在电压比较器输出端得到方波。

如果改变充、放电的电流值或电容的容量，便可获得不同频率的信号。可通过改变电容的容量来改变输出信号的频段，通过调节电位器改变恒流源电流的大小，以实现频率的连续变化。

改变正、负充放电流的大小可使波形由三角波变为各种斜率的锯齿波，同时，方波就变成各种占空比的脉冲。采用多级桥式二极管网络，利用二极管的非线性原理，可使三角波变换为下正弦波。由波形选择开关选出的正弦波、三角波及其他波形，经输出级的电压或功率放大后输出。

任务实施

本任务建议分组完成,每组 4 ~5 人(包括组长 1 人),组内成员分别独自完成知识链接相关知识的学习,按照操作步骤学习信号发生器的使用,组长根据成员的学习情况进行分工,各成员根据分工通过分头查阅资料,参加小组讨论,完成相应的工作。

①学习相关知识,分解任务,进行小组分工。

任务分工表

任务名称				
小组名称			组长	
小组成员	姓名		学号	
	姓名		学号	
	姓名		学号	
	姓名		学号	
	姓名		学号	
小组分工	姓名	完成任务		

②熟记 AFG-2225 任意波形信号发生器安全说明(15 分)。

操作和存储信号发生器时必须遵照的重要安全说明。在操作前请详细阅读以下内容,确保安全和最佳化的使用。

- 安全符号(5 分)。

安全符号说明见表 1-2。

表 1-2　安全符号说明表

符　　号	说　　明
警告	警告:产品在某一特定情况下或实际应用中可能对人体造成伤害或危及生命
注意	注意:产品在某一特定情况下或实际应用中可能对产品本身或其他产品造成损坏
	高压危险
	保护导体端子

续上表

符　号	说　明
	接地端子
	表面高温危险
	双层绝缘
	勿将电子设备作为未分类的市政废弃物处理。请单独收集处理或联系设备供应商

- 安全操作指南(10 分)。

安全操作指南见表 1-3。

表 1-3　安全操作指南表

符　号	说　明
通常 注意	勿将重物置于仪器上 勿将易燃物置于仪器上 避免严重撞击或不当放置而损坏仪器 避免静电释放至仪器 请使用匹配的连接线,切不可用裸线连接 若非专业技术人员,请勿自行拆装仪器
电源 警告	AC 输入电压:AC 100 ~ 240 V,50 ~ 60 Hz　将交流电源插座的保护接地端子接地,避免电击触电
保险丝 警告	保险丝类型:F1A/250 V 请专业技术人员更换保险丝 请更换指定类型和额定值的保险丝 更换前请断开电源插座和所有测试线 更换前请查明保险丝的熔断原因 注:保险丝是熔丝的俗称
清洁仪器	清洁前先切断电源 以中性洗涤剂和清水沾湿软布擦拭仪器。不要直接将任何液体喷洒到仪器上 不要使用含苯、甲苯、二甲苯和丙酮等烈性物质的化学药品或清洁剂
操作环境	地点:室内,避免阳光直射,无灰尘,无导电污染,避免强磁场 相对湿度:<80% 海拔:<2 000 m 温度:0 ~ 40 ℃
存储环境	地点:室内 相对湿度:<70% 温度:-10 ~ +70 ℃

续上表

符　　号	说　　明
处理	勿将电子设备作为未分类的市政废弃物处理。请单独收集处理或联系设备供应商。请务必妥善处理丢弃的电子废弃物,减少对环境的影响

③熟悉 AFG-2225 任意波形信号发生器面板装置的名称、位置和作用(30 分)。

AFG-2225 任意波形信号发生器面板如图 1-13 所示。

微课

信号发生器的使用

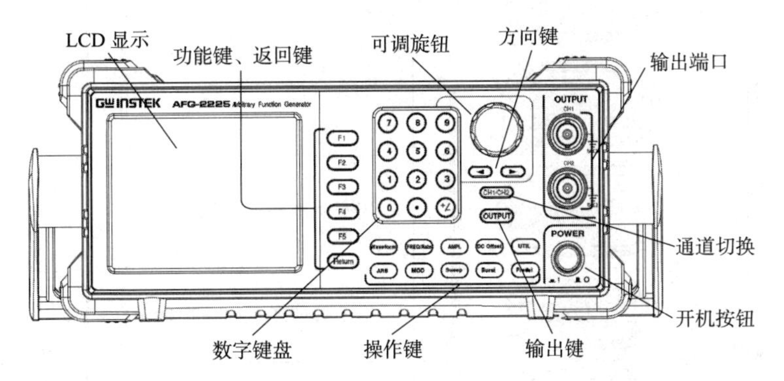

图 1-13　AFG-2225 任意波形信号发生器前面板

前面板功能表见表 1-4。

表 1-4　前面板功能表(10 分)

名　　称	图　　标	功　　能
LCD 显示		TFT 彩色 LCD 显示,320 像素 ×240 像素分辨率
功能键:F1 ~ F5	F1	位于 LCD 屏右侧,用于功能激活
返回键	Return	返回上一层菜单
操作键	Waveform	用于选择波形类型
	FREQ/Rate	用于设置频率或采样率
	AMP	用于设置波形幅值
	DC Offset	设置直流偏置
	UTIL	用于进入存储和调取选项、更新和查阅固件版本、进入校正选项、系统设置、耦合功能、计频计

续上表

名　称	图　标	功　能
操作键	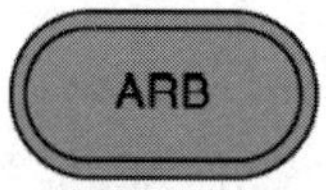 ARB	用于设置任意波形参数
	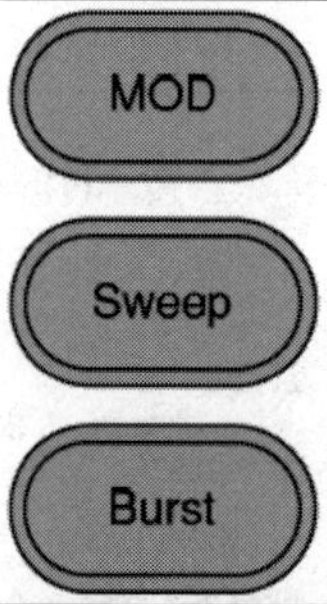 MOD Sweep Burst	MOD、Sweep 和 Burst 键用于设置调制、扫描和脉冲串选项和参数
复位键	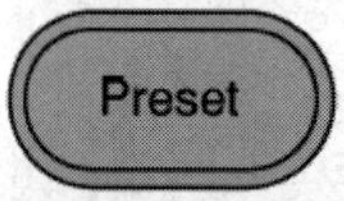 Preset	用于调取预设状态
输出键	 Output	用于打开或关闭波形输出
通道切换	 CH1/CH2	用于切换两个通道
输出端口	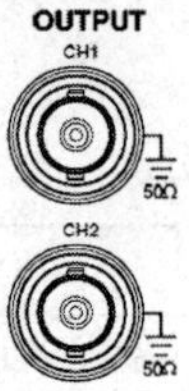 OUTPUT CH1 50Ω CH2 50Ω	CH1 为通道一输出端口 CH2 为通道二输出端口
开机按钮	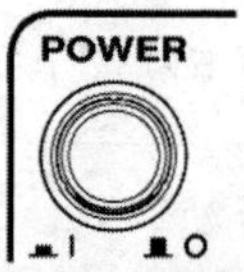 POWER	用于开关机
方向键	 ◀ ▶	当编辑参数时，可用于选择数字
可调旋钮	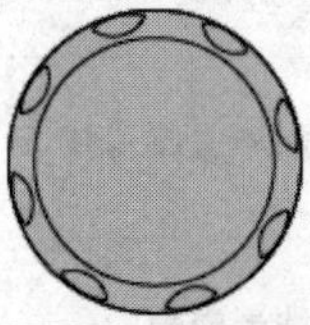	用于编辑值和参数减小增加
数字键盘	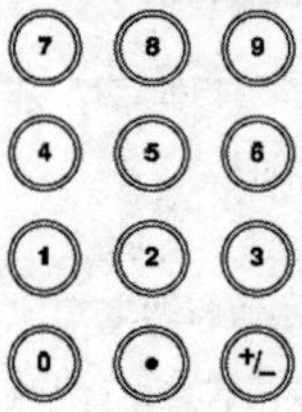 7 8 9 4 5 6 1 2 3 0 • +/-	用于输入值和参数，常与方向键和可调旋钮一起使用

AFG-2225 任意波形信号发生器后面板如图 1-14 所示。

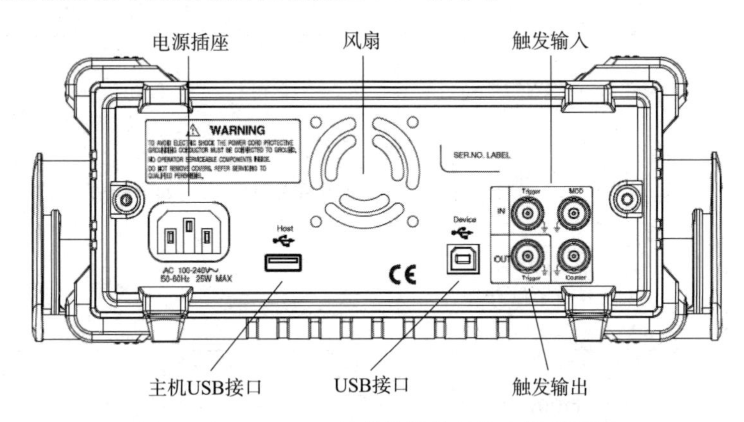

图 1-14　AFG-2225 任意波形信号发生器后面板

后面板功能表见表 1-5。

表 1-5　后面板功能表(10 分)

名　称	图　标	功　能
触发输入		信号外部触发输入。用于接收外部触发
触发输出		标记输出信号。仅用于 Sweep 和 Burst、ARB 模式
风扇		仪器散热

续上表

名　　称	图　　标	功　　能
电源插座	AC 100-240V ~ 50-60Hz 25W MAX	电源输入:AC 100 ~ 240 V/50 ~ 60 Hz
USB Host	Host	USB Host
USB 接口	Device	Mini-B 类 USB 接口用于连接 PC 和远程控制
Counter in	Trigger MOD IN OUT Trigger Counter	计频器输入端子
MOD 输入	Trigger MOD IN OUT Trigger Counter	调制输入端子

AFG-2225 任意波形信号发生器显示面板如图 1-15 所示。

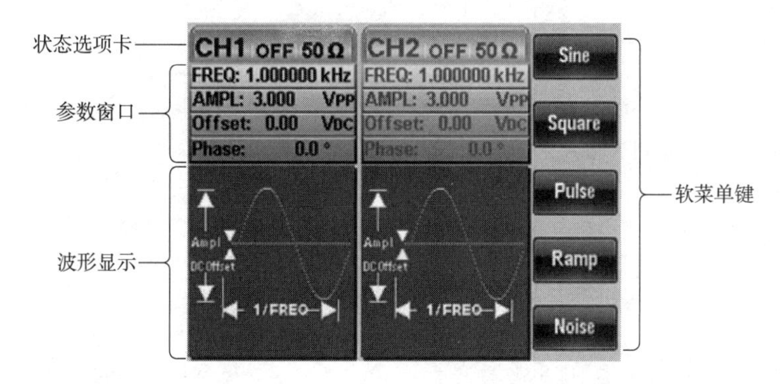

图 1-15　AFG-2225 任意波形信号发生器显示面板

显示面板功能表见表 1-6。

表 1-6　显示面板功能表(10 分)

面　　板	功　　能
参数窗口	参数显示和编辑窗口
状态选项卡	显示当前通道的设置状态
波形显示	用于显示波形
软菜单键	功能键(F1 ~ F5)与左侧的软菜单键对应

④信号发生器的操作(40 分)。

• 数字输入(10 分)。

三类主要的数字输入:数字键盘、方向键和可调旋钮。

数字输入操作方法表见表 1-7。

表 1-7　数字输入操作方法表

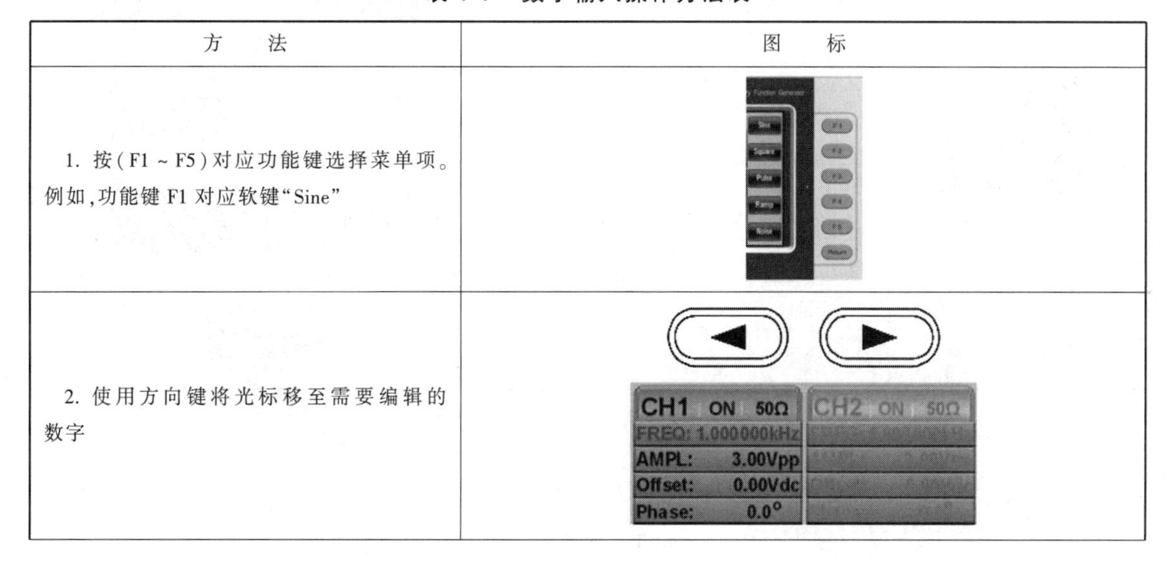

方　　法	图　　标
1. 按(F1 ~ F5)对应功能键选择菜单项。例如,功能键 F1 对应软键“Sine”	
2. 使用方向键将光标移至需要编辑的数字	

续上表

方　　法	图　　标
3. 使用可调旋钮编辑数字。顺时针增大，逆时针减小	
4. 数字键盘用于设置高光处的参数值	7 8 9 4 5 6 1 2 3 0 • +/_

- 信号输出(30 分)。

方波(10 分):

例子:方波,3V_{pp},75%占空比,1 kHz。

方波操作方法表见表 1-8。

表 1-8　方波操作方法表

输　　出	方　　法	图　　标
输出 CH1 50Ω	1. 按 Waveform 键,选择 Square(F2)	Waveform Square
	2. 分别按(F1),7 + 5 + %(F2)	Duty 7 5 %
	3. 分别按 FREQ/Rate,1 + kHz(F4)	FREQ/Rate 1 kHz
	4. 分别按 AMPL,3 + VPP(F5)	AMPL 3 VPP
	5. 按 OUTPUT 键	OUTPUT

斜波(10 分)

例子:斜波,5V_{pp},10 kHz,50%对称度。

斜波操作方法表见表 1-9。

表 1-9　斜波操作方法表

输　出	方　法	图　标
输出 CH1 50Ω	1. 按 Waveform 键,选择 Ramp(F4)	Waveform　Ramp
	2. 分别按(F1),5 + 0 + %(F2)	SYM　5　0　%
	3. 分别按 FREQ/Rate 键,1 + 0 + kHz(F4)	FREQ/Rate　1　0　kHz
	4. 分别按 AMPL 键,5 + VPP(F5)	AMPL　5　VPP
	5. 按 OUTPUT 键	OUTPUT

正弦波(10 分):

例子:正弦波,10V_{pp},100 kHz。

正弦波操作方法表见表 1-10。

表 1-10　正弦波操作方法表

输　出	方　法	图　标
输出 CH1 50Ω	1. 按 Waveform 键,选择 Sine(F1)	Waveform　Sine
	2. 分别按 FREQ/Rate 键,1 + 0 + 0 + kHz(F4)	FREQ/Rate　1　0　0　kHz
	3. 分别按 AMPL 键,1 + 0 + VPP(F5)	AMPL　1　0　VPP
	4. 按 OUTPUT 键	OUTPUT

⑤连接示波器(5 分)。

将红色夹子连接示波器探头表笔,黑色夹子连接示波器探头夹子。几秒内,应当看到图 1-16 所示的频率为 500 Hz、电压约为 15 V 峰值的正弦波。

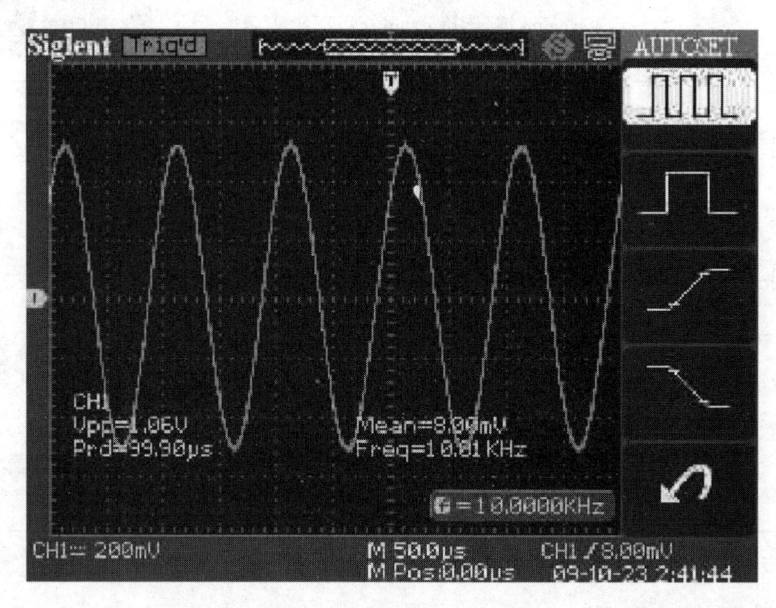

图 1-16 示波器显示波形

⑥关闭测试设备(10 分)。

测试完毕按照下列顺序关闭仪器设备。

a. 断开信号源测试电缆和示波器探头的链接。

b. 卸下示波器探头。

c. 关闭示波器。

d. 卸下示波器电源线。

e. 把信号源输出幅度调节旋钮置于逆时针旋到底的起始位置。

f. 卸下信号源测试电缆。

g. 关闭信号源。

h. 卸下信号源电源线。

i. 把电源线、测试电缆、探头装入抽屉。

任务测评

教师引导学生对任务进行分析和讨论,针对任务反映的问题,根据各组提出解决方法,作简短的点评或补充性、提高性的总结,并指导各组进行组内互评,最后完成总体评价。

组内互评表

<table>
<tr><td>任务名称</td><td colspan="6"></td></tr>
<tr><td>小组名称</td><td colspan="6"></td></tr>
<tr><td>评价标准</td><td colspan="6">如任务实施所示,共100分</td></tr>
<tr><td rowspan="2">序号</td><td rowspan="2">分值</td><td colspan="4">组内互评(下行填写评价人姓名、学号)</td><td rowspan="2">平均分</td></tr>
<tr><td></td><td></td><td></td><td></td></tr>
<tr><td>1</td><td>15</td><td></td><td></td><td></td><td></td><td></td></tr>
<tr><td>2</td><td>30</td><td></td><td></td><td></td><td></td><td></td></tr>
<tr><td>3</td><td>40</td><td></td><td></td><td></td><td></td><td></td></tr>
<tr><td>4</td><td>5</td><td></td><td></td><td></td><td></td><td></td></tr>
<tr><td>5</td><td>10</td><td></td><td></td><td></td><td></td><td></td></tr>
<tr><td colspan="6">总 分</td><td></td></tr>
</table>

任务评价总表

<table>
<tr><td>任务名称</td><td colspan="6"></td></tr>
<tr><td>小组名称</td><td colspan="6"></td></tr>
<tr><td>评价标准</td><td colspan="6">如任务实施所示,共100分</td></tr>
<tr><td rowspan="2">序号</td><td rowspan="2">分值</td><td colspan="3">自我评价(50%)</td><td rowspan="2">教师评价(50%)</td><td rowspan="2">单项总分</td></tr>
<tr><td>自评</td><td>组内互评</td><td>平均分</td></tr>
<tr><td>1</td><td>15</td><td></td><td></td><td></td><td></td><td></td></tr>
<tr><td>2</td><td>30</td><td></td><td></td><td></td><td></td><td></td></tr>
<tr><td>3</td><td>40</td><td></td><td></td><td></td><td></td><td></td></tr>
<tr><td>4</td><td>5</td><td></td><td></td><td></td><td></td><td></td></tr>
<tr><td>5</td><td>10</td><td></td><td></td><td></td><td></td><td></td></tr>
<tr><td colspan="6">总 分</td><td></td></tr>
</table>

任务3 分析测量误差

任务解析

在测量中使用信号发生器时,需要了解信号发生器产生的电信号的准确度是否满足任务的要求。通过多次测量得到表1-11所示的电信号频率测得值,假设这些测得值已消除了系统误差,试判别该测量列中是否含有粗大误差的测得值,计算数学期望,并进行数据处理,上报最终的测量结果。通过完成本任务,了解测量误差的相关基础知识、掌握测量误差分析的方法。在今后的测量工作中,具备能够分析测量误差并正确处理测量数据的能力。

表 1-11 频率测得值

序号	f/kHz	序号	f/kHz	序号	f/kHz
1	20.42	2	20.43	3	20.40
4	20.43	5	20.42	6	20.43
7	20.39	8	20.30	9	20.40
10	20.43	11	20.42	12	20.41
13	20.39	14	20.39	15	20.40

知识链接

一、了解有关误差的基本概念

微课

测量误差的概念

1. 真值

一个量在被观测时，该量本身所具有的真实大小称为真值（记为 A_0）。在不同的时间和空间，被测量的真值往往是不同的。在一定的时间和空间环境条件下，某被测量的真值是一个客观存在的确定数值。要想得到真值，必须利用理想的测量仪器或量具进行无误差的测量，由此可以推断，真值实际上是无法得到的。

这是因为理想的测量仪器或量具，即测量过程的参考比较标准（又称计量标准）只是一个纯理论值。尽管随着科技水平的提高，可供实际使用的测量参考标准可以越来越接近理想的理论定义值，但误差总是存在的，而且在测量过程中还会受到各种主观和客观因素的影响，所以，做到无误差的测量是不可能的。

2. 实际值

满足规定准确度要求，用来代替真值使用的量值称为实际值（记为 A），又称约定真值。由于真值是无法绝对得到的，在误差计算中，常常用一定等级的计量标准作为实际值来代替真值。实际测量中，不可能都与国家计量标准相比对，所以国家通过一系列的各级实物计量标准构成量值传递网，把国家标准所体现的计量单位逐级比较传递到日常工作仪器或量具上去。

在每一级的比较中，都把上一级计量标准所测量的值当作准确无误的值，一般要求高一等级测量器具的误差为本级测量器具误差的1/3～1/10。在实际值中，把由国家设立的尽可能维持不变的各种实物标准作为指定值（又称约定真值），例如，指定法国国家计量局保存的铂铱合金圆柱体质量原器的质量为1 kg，指定国家天文台保存的铯钟组所产生的，在特定条件下铯-133原子基态的两个超精细能级之间跃迁所对应辐射的9 192 631 770个周期的持续时间为1 s等。

3. 标称值

测量器具上标定的数值称为标称值，如标准电阻上标出的1 Ω，标准电池上标出来的电动势1.018 6 V，标准砝码上标出的1 kg等。标称值并不一定等于它的真值或实际值，由于制造和测量水平的局限及环境因素的影响，它们之间存在一定的误差，因此，在标出测量器具的标称值时，通常还要标出它的误差范围或准确度等级。例如，某电阻的标称值为1 kΩ，误差为±1%，即意味着该电阻的实际值为990～1 010 Ω；某信号发生器频率刻度的工作误差小于或等于（±1%±1）Hz，如果在额定条件下该仪器频率刻度为100 Hz，这就是它的标称值，而实际值是（100±100×1%±1）Hz，即实际值为 98 ~ 102。

4. 示值

由测量器具指示的被测量的量值称为测量器具的示值,又称测量仪器的测量值或测得值。一般来说,测量仪器的示值和读数是有区别的,读数是仪器刻度盘上直接读到的数字,对于数字显示仪表,通常示值和读数是一致的,但对于模拟指示仪器,示值需要根据读数值和所用的量程进行换算。例如以 100 分度表示量程为 50 mA 的电流表,当指针在刻度盘上的 50 位值时,读数是 50,而示值应是 25 mA。

5. 测量误差

在实际测量中,由于测量器具的不准确,测量手段的不完善,测量环境的影响,对客观规律认识的局限性以及工作中的疏忽或错误等因素,都会导致测量结果与被测量真值不同。测量仪器与被测量真值之间的差别称为测量误差。测量误差的存在具有必然性和普遍性,人们只能根据需要和可能,将其限制在一定的范围内而不可能完全加以消除。不同的测量,对其测量误差的大小,也就是测量准确度的要求往往是不同的。

人们进行测量的目的,通常是为了获得尽可能接近真值的测量结果,如果测量误差超过一定的限度,测量工作及由此产生的测量结果将失去意义。在科学研究及现代化生产中,错误的测量结果有时还会使研究工作误入歧途甚至带来灾难性的后果。研究误差理论的目的,就是要分析误差产生的原因及其发生的规律,正确认识误差的性质,寻找减小或消除测量误差的方法,学会测量数据的处理方法,使测量结果更接近于真值。在测量中,研究误差理论还可以指导我们合理地设计测量方案,正确地选用测量仪器和测量方法,确保产品和研究课题的质量。

二、测量误差如何表示

1. 绝对误差

由测量所得到的被测量值 x 与其真值 A_0 之差,称为绝对误差,即

$$\Delta x = x - A_0 \tag{1-6}$$

式中,Δx 为绝对误差。

前面已提到,真值 A_0 一般无法得到,所以用实际值 A 代替 A_0,因而绝对误差更有实际意义的定义是

$$\Delta x = x - A \tag{1-7}$$

绝对误差表明了被测量的测量值与被测量的实际值之间的偏离程度和方向。对于绝对误差,应注意以下两点:第一,绝对误差是有单位的量,其单位与测得值和实际值相同;第二,绝对误差是有符号的量,其符号表示出了测量值与实际值的大小关系,若测量值大于实际值,则绝对误差为正值,反之为负值。

在一般测量工作中,只要按规定的要求,达到误差可以忽略不计,就可以认为该值接近于真值,并用它来代替真值。除了实际值以外,还可以用已修正过的多次测量值的算术平均值来代替真值使用。

2. 修正值

与绝对误差的绝对值大小相等,但符号相反的量值,称为修正值,用 C 表示,即

$$C = -\Delta x = A - x \tag{1-8}$$

测量仪器的修正值可以通过上一级标准给出，修正值可以是数值表格、曲线或函数表达式等形式。在日常测量中，利用仪器的修正值 C 和已检仪器的示值 x，可以求得被测量的实际值

$$A = x + C \tag{1-9}$$

例如，用某电流表测电流，电流表的示值为 10 mA，该表在检定时，10 mA 刻度处的修正值是 +0.04 mA，则被测电流的实际值为 10.04 mA。在自动测量仪器中，修正值还可以先编成程序存储在仪器中，测量时仪器可以对测量结果自动进行修正。

3. 相对误差

绝对误差虽然可以说明测量结果偏离实际值的情况，但不能完全科学地说明测量的质量（测量结果的准确程度）。因为一个量的准确程度，不仅与它的绝对误差的大小有关，而且与这个量本身的大小有关。当绝对误差相同时，这个量本身的绝对值越大，测量准确程度相对越高；这个量本身的绝对值越小，测量准确程度相对越低。

例如测量两个电压量，其中一个电压为 $V_1 = 10$ V，其绝对误差 $\Delta V_1 = 0.1$ V；另一个电压为 $V_2 = 1$ V，其绝对误差 $\Delta V_2 = 0.1$ V。尽管两次测量的绝对误差皆为 0.1 V，但是不能说两次测量的准确度是相同的，显然，前者测量的准确度高于后者测量的准确度。因此，为了说明测量的准确程度，又提出了相对误差的概念。

绝对误差与被测量的真值之比，称为相对误差（又称相对真误差），用 γ 表示为

$$\gamma = \frac{\Delta x}{A_0} \times 100\% \tag{1-10}$$

相对误差是两个有相同量纲的量的比值，只有大小和符号，没有单位。

（1）实际相对误差

由于真值是不能确切得到的，通常用实际值 A 代替真值 A_0 来表示相对误差，用 γ_A 表示为

$$\gamma_A = \frac{\Delta x}{A} \times 100\% \tag{1-11}$$

式中，γ_A 为实际相对误差。

（2）示值相对误差

在误差较小、要求不太严格的场合，用测量值 x 代替实际值 A 来表示相对误差，用 γ_x 表示为

$$\gamma_x = \frac{\Delta x}{x} \times 100\% \tag{1-12}$$

式中，γ_x 称为示值相对误差或测得值相对误差。它在误差合成中具有重要意义。当 Δx 很小时，$x \approx A$，此时，$\gamma_x \approx \gamma_A$。

4. 分贝误差——相对误差的对数表示

在电子学及声学测量中，常用分贝表示相对误差，称为分贝误差。分贝误差是用对数形式（分贝数）表示的一种相对误差，单位为分贝（dB），用 γ_{dB} 表示。

$$\gamma_{dB} = 20\lg(1 + \gamma_x) \tag{1-13}$$

若测量的是功率增益，分贝误差定义为

$$\gamma_{dB} = 10\lg(1 + \gamma_x) \tag{1-14}$$

【例 1-1】 某晶体管单管放大器的电压增益的真值 $A = 80$ 倍（或实际值），现测量得到的电压增益 $x = 75$ 倍，求测量的相对误差和分贝误差是多少？

解：增益的绝对误差为

$$\Delta x = x - A = 75 - 80 = -5$$

$$\gamma_x = \frac{\Delta x}{x} \times 100\% = \frac{-5}{80} \times 100\% = -6.25\%$$

分贝误差为

$$\gamma_{dB} = 20\lg(1 + \gamma_x) = 20\lg(1 - 0.0625) = -0.561\ dB$$

5. 满度相对误差（引用相对误差）

前面介绍的相对误差较好地反映了某次测量的准确程度，但是，在连续刻度的仪表中，用相对误差来表示整个量程内仪表的准确程度就有些不便。因为使用这种仪表时，在某一测量量程内，被测量有不同的数值，若用式(1-10)计算相对误差，随着被测量的不同，式中的分母相应变化，求得的相对误差也将随着改变。

在用式(1-10)求相对误差时，用电表的量程作为分母，从而引出了满度相对误差（又称引用相对误差）的概念。实际中常用测量仪器在一个量程范围内出现的最大绝对误差 Δx_m 与该量程的满刻度值（该量程的上限值与下限值之差）x_m 之比来表示，即

$$\gamma_m = \frac{\Delta x_m}{x_m} \times 100\% \tag{1-15}$$

式中，γ_m 为满度相对误差（又称引用相对误差）。对于某一确定的仪器仪表，它的最大引用相对误差是确定的。

满度相对误差在实际测量中具有重要意义。

例如，用满度相对误差来标定仪表的准确度等级。我国电工仪表就是按引用相对误差 γ_m 的值进行分级的，γ_m 是仪表在工作条件下不应超过的最大引用相对误差，它反映了该仪表的综合误差大小。我国电工仪表共分七级：0.1、0.2、0.5、1.0、1.5、2.5 及 5.0。

其中，准确度等级在 0.2 级以上的仪表属于精密仪表，使用时要求较高的工作环境及严格的操作步骤，一般作为标准仪表使用。如果仪表准确度等级为 s 级，则说明该仪表的最大满度相对误差不超过 s%，即 $|\gamma_m| \leq s\%$。

【例 1-2】 一块电压表的准确度为 1.0 级，计算出它在 0～50 V 量程中的最大绝对误差。

解：电压表的量程上限值是 $x_m = 50$ V，可得到

$$\Delta x_m = \gamma_m \times x_m = \pm 1.0\% \times 50 = \pm 0.5\ V$$

【例 1-3】 一块 1.5 级电流表，用满度值为 100 μA 的量程来测量电路中三个不同大小的电流，测量结果分别为 $x_1 = 100$ μA、$x_2 = 60$ μA、$x_3 = 20$ μA。求三种不同电流情况下的最大绝对误差和示值相对误差。

解：最大绝对误差为

$$\Delta x_m = \gamma_m \times x_m = \pm 1.5\% \times 100 = \pm 1.5\ \mu A$$

三种电流示值情况下的示值相对误差分别为

$$\gamma_{x1} = \frac{\Delta x}{x} \times 100\% = \frac{\Delta x_m}{x_1} \times 100\% = \pm 1.5\%$$

$$\gamma_{x2} = \frac{\Delta x}{x} \times 100\% = \frac{\Delta x_m}{x_2} \times 100\% = \pm 1.5/60 \times 100\% = \pm 2.5\%$$

$$\gamma_{x3} = \frac{\Delta x}{x} \times 100\% = \frac{\Delta x_m}{x_3} \times 100\% = \pm 1.5/20 \times 100\% = \pm 7.5\%$$

【例 1-4】若要测量一个 12 V 左右的稳压电源输出，现有两块电压表可供选择，其中一块量程为 150 V、1.5 级；另一块量程为 15 V、2.5 级。问选择哪一块表测量较为合适？

解：对于 1.5 级电压表，可能产生的最大绝对误差为

$$\Delta x_m = \gamma_m \times x_m = \pm 1.5\% \times 150 = \pm 2.25\ \text{V}$$

对于 2.5 级电压表，可能产生的最大绝对误差为

$$\Delta x_m = \gamma_m \times x_m = \pm 2.5\% \times 15 = \pm 0.375\ \text{V}$$

所以，用 1.5 级表测量示值为 12 V 的电压时，其误差范围在(12 ±2.25) V 之间，而用 2.5 级表测量时，其误差范围在(12 ±0.375) V 之间。可见误差范围小了不少。

三、分析测量误差的来源

微 课

测量误差的来源和分类

为了减小测量误差，提高测量结果的准确度，必须明确测量误差的主要来源，并采取相应的措施减小测量误差。测量误差的主要来源有以下五个方面。

1. 仪器误差

仪器误差是由于测量仪器及其附件的设计、制造、装配、检定等环节不完善，以及仪器使用过程中元器件老化、机械部件磨损、疲劳等因素而使仪器设备带有的误差。例如，仪器内部噪声引起的内部噪声误差；仪器相应的滞后现象造成的动态误差；仪器仪表的零点漂移、刻度的不准确和非线性，读数分辨率有限而造成的读数误差以及数字仪器的量化误差等都属仪器误差。为了减小仪器误差的影响，应根据测量任务，正确选择测量方法和仪器，并在额定工作条件下按使用要求进行操作等。

2. 使用误差

使用误差又称操作误差，是由于对测量设备操作使用不当而造成的。比如有些仪器设备要求测量前进行预热而未预热；有些测量设备要求实际测量前必须进行校准(如普通万用表测量电阻时应进行校零、用示波器观测信号的幅度前应进行幅度校准等)而未校准等。减小使用误差的方法就是要严格按照测量仪器使用说明书中规定的方法步骤进行操作。

3. 影响误差

影响误差是指由于各种环境因素(温度、湿度、振动、电源电压、电磁场等)与测量要求的条件不一致而引起的误差。

影响误差常用影响量来表征。所谓影响量，是指除了被测量以外，凡是对测量结果有影响的量，即测量系统输入信号中的非被测量值信息的参量。影响误差可以是来自系统外部环境(如环境温度、湿度、电源电压等)的外界影响，也可以是来自仪器系统内部(如噪声、漂移等)的内部影响。

通常影响误差是指来自外部环境因素的影响，当环境条件符合要求时，影响误差可不予考虑。但在精密测量中，须根据测量现场的温度、湿度、电源电压等影响数值求出各项影响误差，以便根据需要做进一步的处理。

4. 理论误差和方法误差

理论误差是指由于测量所依据的理论不严密，或者对测量计算公式的近似等原因，致使测量结果出现的误差。由于测量方法不合理(如用低输入阻抗的电压表测量高阻抗电路上的电压)而造成的误差称为方法误差。

理论误差和方法误差通常以系统误差的形式表现出来。在掌握了具体原因及有关量值后,通过理论分析与计算或者改变测量方法,这类误差是可以消除或修正的。对于内部带有微处理器的智能仪表,做到这一点是很方便的。

5. 人身误差

人身误差是由于测量人员感官的分辨能力、反应速度、视觉疲劳、固有习惯、缺乏责任心等原因,而在测量中操作不当、现象判断出错或数据读取疏失等引起的误差。比如指针式仪表刻度的读取、谐振法测量时谐振点的判断等,都容易产生误差。

减小或消除人身误差的措施有:提高测量人员操作技能、增强工作责任心、加强测量素质和能力的培养、采用自动测试技术等。

四、测量误差如何分类

虽然产生误差的原因多种多样,但按误差的基本性质和特点,误差可分为三类,即系统误差、随机误差和粗大误差。

1. 系统误差

在同一测量条件下,多次重复对同一量值进行测量时,测量误差的绝对值和符号保持不变,或在测量条件改变时按一定规律变化的误差,称为系统误差,简称系差。前者为恒值系差,后者为变值系差。

系统误差是由固定不变的或按确定规律变化的因素造成的,这些因素主要有:

①测量仪器方面的因素:仪器机构设计原理的缺陷;仪器零件制造偏差和安装不当;元器件性能不稳定等。如把运算放大器当作理想运放,由被忽略的输入阻抗、输出阻抗引起的误差;刻度偏差及使用过程中的零点漂移等引起的误差。

②环境方面的因素:测量时的实际环境条件(温度、湿度、大气压、电磁场等)相对于标准环境条件的偏差,测量过程中温度、湿度等按一定规律变化引起的误差。

③测量方法的因素:采用近似的测量方法或近似的计算公式等引起的误差。

④测量人员方面的因素:由于测量人员的个人特点,在刻度上估计读数时,习惯偏于某一方向;动态测量时,记录快速变化信号有滞后的倾向。

系统误差的主要特点是:只要测量条件不变,误差即为确切的数值,用多次测量取平均值的办法不能改变和消除系差,而当条件改变时,误差也随着遵循某种确定的规律而变化,具有可重复性,较易修正和消除。

2. 随机误差

在同一测量条件下(指在测量环境、测量人员、测量技术和测量仪器等相同的条件下),多次重复对同一量值进行等精度测量时,每次测量误差的绝对值和符号以不可预知的方式变化的误差,称为随机误差或偶然误差,简称随差。

随机误差主要由对测量值影响微小但却互不相关的大量因素共同造成,这些因素主要包括以下几个方面。

①测量装置方面的因素:仪器元器件产生的噪声,零部件配合的不稳定、摩擦、接触不良等。

②环境方面的因素:温度的微小波动、湿度与气压的微量变化、光照强度变化、电源电压的无规则波动、电磁干扰、振动等。

③测量人员感觉器官的无规则变化而造成的读数不稳定等。

随机误差的特点是：虽然某一次测量结果的大小和方向不可预知，但多次测量时，其总体服从统计学规律。在多次测量中，误差绝对值的波动有一定的界限，即具有有界性；当测量次数足够多时，正负误差出现的机会几乎相同，即具有对称性；同时随机误差的算术平均值趋于零，即具有抵偿性。由于随机误差的这些特点，可以通过对多次测量取平均值的办法来减小随机误差对测量结果的影响，或者用数理统计的办法对随机误差加以处理。

3. 粗大误差

在一定测量条件下，测量结果明显偏离实际值所形成的误差称为粗大误差，简称粗差，又称疏失误差。产生粗差的主要原因有：

①测量操作疏忽和失误，如测错、读错、记错以及实验条件未达到预定的要求而匆忙实验等。

②测量方法不当或错误，如用普通万用表电压挡直接测量高内阻电源的开路电压，用普通万用表交流电压挡测量高频交流信号的幅值等。

③测量环境条件的突然变化，如电源电压突然增高或降低，雷电干扰、机械冲击等引起测量仪器示值的剧烈变化等。这类变化虽然也带有随机性，但由于它造成的示值明显偏离实际值，因此将其列入粗差范畴。

含有粗差的测量值称为坏值或异常值，由于坏值不能反映被测量的真实性，所以在数据处理时，应予以剔除。

4. 测量误差对测量结果的影响

测量中若发现粗大误差，数据处理时应予以剔除，这样要考虑的误差就只有系统误差和随机误差两类。

五、随机误差的分析与处理

微课

测量误差的处理

随机误差是在相同条件下对同一量进行多次测量时，误差的绝对值和符号均发生变化，而且这种变化没有确定的规律也不能事先预知。随机误差使测量数据产生分散，即偏离它的数学期望。虽然对单次测量而言，随机误差的大小和符号都是不确定的，没有规律性的，但是，在进行多次测量后，随机误差服从概率统计规律

我们的任务就是要研究随机误差使测量数据按什么规律分布，多次测量的平均值有什么性质，以及在实际测量中对于有限次的测量，如何根据测量数据的分布情况，估计出被测量的数学期望、方差和被测量的真值出现在某一区间的概率等。总之，我们是用概率论和数理统计的方法来研究随机误差对测量数据的影响，并用数理统计的方法对测量数据进行统计处理，从而克服或减少随机误差的影响。

由于随机误差的存在，测量值也是随机变量。在测量中，测量值的取值可能是连续的，也可能是离散的。从理论上讲，大多数测量值的可能取值范围是连续的，而实际上由于测量仪器的分辨力不可能无限小，因而得到的测量值往往是离散的。此外，一些测量值本身就是离散的。例如，测量单位时间内脉冲的个数，其测量值本身就是离散的。实际中要根据离散型随机变量和连续型随机变量的特征来分析测量值的统计特性。

在概率论中，不管是离散型随机变量还是连续型随机变量都可以用分布函数来描述它的统计规律。但实际中较难确定概率分布，并且不少情况下也不需要求出概率分布规律，只需要知道某

些数字特征即可。数字特征是反映随机变量的某些特性的数值，常用的有数学期望和方差等。

1. 数学期望

随机变量（或测量值）的数学期望能反映其平均特性，其定义为：

设离散型随机变量 X 的可能取值为 $x_1, x_2, \cdots, x_i, \cdots$，相应的概率为 $p_1, p_2, \cdots, p_i, \cdots$，则 X 数学期望定义为（条件是 $\sum_{i=1}^{\infty} x_i p_i$ 绝对收敛）

$$E(X) = \sum_{i=1}^{\infty} x_i p_i \tag{1-16}$$

若 X 为连续型随机变量，其分布函数为 $F(x)$，概率密度函数为 $p(x)$，则数学期望定义为（条件是积分收敛）

$$E(X) = \int_{-\infty}^{\infty} x p(x) \mathrm{d}x \tag{1-17}$$

数学期望反映了测量值的平均特性，在统计学中，数学期望与均值是同一个概念，无穷多次的重复条件下重复测量单次结果的平均值即为数学期望值。

2. 方差和标准偏差

方差是用来描述随机变量的可能值与其数学期望的分散程度，设随机变量 X 的数学期望为 $E(X)$，则 X 的方差定义为

$$\delta^2 = D(X) = E\{[X - E(X)]^2\} \tag{1-18}$$

对于离散型的随机变量，

$$\delta^2 = D(X) = [x_i - E(X)]^2 p_i \tag{1-19}$$

或

$$\delta^2 = D(X) = \sum_{i=1}^{\infty} \delta_i^2 p_i \tag{1-20}$$

当测量次数 $n \to \infty$ 时，用测量值出现的频率 $1/n$ 代替概率 p_i，则测量值的方差为

$$\delta^2 = D(X) = \sum_{i=1}^{\infty} [x_i - E(X)]^2 \tag{1-21}$$

对于连续型的随机变量，

$$\delta^2 = D(X) = \int_{-\infty}^{\infty} [x - E(X)]^2 p(x) \mathrm{d}x \tag{1-22}$$

或

$$\delta^2 = D(X) = \int_{-\infty}^{\infty} \delta^2 p(x) \mathrm{d}x \tag{1-23}$$

式中，δ^2 称为测量值的样本方差，简称方差，δ 取平方的目的是，不论 δ 是正是负，其平方总是正的，这样取平方后再进行平均才不会使正负方向的误差相互抵消，且求和取平均后，个别较大的误差在式中所占的比例也较大，使得方差对较大的随机误差反映较灵敏。

由于实际测量中 δ 都是带有单位的（mV、μV 等），因而方差是相应单位的平方，使用不甚方便，为了与随机误差的单位一致，引入了标准偏差的概念，标准偏差 σ 定义为

$$\sigma = \sqrt{D(X)} \tag{1-24}$$

测量中常常用标准偏差 σ 来描述随机变量 X 与其数学期望 $E(X)$ 的分散程度，即随机误差的

大小,因为它与随机变量 X 具有相同量纲。σ 反映了测量的精密度,σ 小表示精密度高,测得值集中;σ 大表示精密度低,测得值分散。

在实际等精度测量中,当测量次数 n 为有限次时,常用算术平均值 $\bar{x}$ 作为被测量的数学期望或被测量的估计值,用 $M(X)$ 表示,即

$$M(X)=\frac{1}{n}\sum_{i=1}^{n}x_i \tag{1-25}$$

测量值的数学期望反映了测量值平均的结果。

测量值的方差反映了测量值的离散程度,也就是随机误差对测量值的影响。

对于方差,用贝塞尔公式估计:

$$\hat{\sigma}^2(X)=\frac{\sum_{i=1}^{n}v_i^2}{n-1} \tag{1-26}$$

或

$$\hat{\sigma}(X)=\sqrt{\frac{\sum_{i=1}^{n}v_i^2}{n-1}}$$

式中,$v_i=x_i-\bar{x}$ 称为残差。

3. 判别粗大误差的准则

在测量过程中,确实是因读错记错数据,仪器的突然故障,或外界条件的突变等异常情况引起的异常值,一经发现,就应在记录中除去,但需注明原因。这种从技术上和物理上找出产生异常值的原因,是发现和剔除粗大误差的首要方法。在测量完成后采用统计的方法进行判别。统计法的基本思想是:给定一个显著性水平,按一定分布确定一个临界值,凡超过这个界限的误差,就认为它不属于偶然误差的范围,而是粗大误差,该数据应予以剔除。

在判别某个测得值是否含有粗大误差时,要特别慎重,应作充分的分析和研究,并根据 3σ 判别准则予以确定。

3σ 准则是最常用也是最简单的判别粗大误差的准则,它是以测量次数充分大为前提,但通常测量次数比较少,因此该准则只是一个近视的准则。实际测量中,常以贝塞尔公式算得 σ,以 $\bar{x}$ 代替真值。对某个可疑数据 x_d,若其残差满足:

$$|v_d|=|x_d-\bar{x}|>3\sigma \tag{1-27}$$

则可认为该数据含有粗大误差,应予以剔除。

对粗大误差,除了设法从测量结果中发现和鉴别而加以剔除外,更重要的是要加强测量者的工作责任心和以严格的科学态度对待测量工作;此外,还要保证测量条件的稳定,或者应避免在外界条件发生激烈变化时进行测量。如能达到以上要求,一般情况下是可以防止产生粗大误差的。

在某些情况下,为了及时发现与防止测得值中含有粗大误差,可采用不等精度测量和互相之间进行校核的方法。例如,对某一测量值,可由两位测量者进行测量、读数和记录;或者用两种不同仪器或两种不同测量方法进行测量。

六、数据处理的方法

测量的原始数据在进行具体的数字运算前，通过省略原数值的最后若干位数字，调整保留的末位数字，使最后所得到的值最接近原数值。具体处理方法参照国家标准的规定，见附录A。

微 课

测量数据处理

任务实施

本任务建议分组完成，每组4～5人(包括组长1人)，组内成员分别独自完成知识链接相关知识的学习，组长根据成员的学习情况，根据随机误差的处理方法、粗大误差的判断方法和数据处理方法进行分工，各成员根据分工通过分头查阅资料，参加小组讨论，完成相应的工作。

①学习相关知识，分解任务进行小组分工。

任务分工表

<table>
<tr><td>任务名称</td><td colspan="4"></td></tr>
<tr><td>小组名称</td><td colspan="2"></td><td>组长</td><td></td></tr>
<tr><td rowspan="4">小组成员</td><td>姓名</td><td></td><td>学号</td><td></td></tr>
<tr><td>姓名</td><td></td><td>学号</td><td></td></tr>
<tr><td>姓名</td><td></td><td>学号</td><td></td></tr>
<tr><td>姓名</td><td></td><td>学号</td><td></td></tr>
<tr><td rowspan="6">小组分工</td><td>姓名</td><td colspan="3">完成任务</td></tr>
<tr><td></td><td colspan="3"></td></tr>
<tr><td></td><td colspan="3"></td></tr>
<tr><td></td><td colspan="3"></td></tr>
<tr><td></td><td colspan="3"></td></tr>
<tr><td></td><td colspan="3"></td></tr>
</table>

②计算任务给定的电信号频率测得值一组数据的数学期望(10分)。

任务报告单 1

<table>
<tr><td>任务名称</td><td colspan="2"></td></tr>
<tr><td>小组名称</td><td colspan="2"></td></tr>
<tr><td>序号</td><td colspan="2">任务结果</td></tr>
<tr><td rowspan="2">1</td><td>序号</td><td>l</td></tr>
<tr><td>1
2
3</td><td>20.42
20.43
20.40</td></tr>
</table>

1	4	20.43
	5	20.42
	6	20.43
	7	20.39
	8	20.30
	9	20.40
	10	20.43
	11	20.42
	12	20.41
	13	20.39
	14	20.39
	15	20.40
	$\bar{x}=\frac{\sum_{i=1}^{15} l_i}{n}=$	

③计算任务给定的电信号频率测得值一组数据的残差(10分)。

任务报告单2

任务名称			
小组名称			
序号	任务结果		
1	序号	l	v
	1	20.42	
	2	20.43	
	3	20.40	
	4	20.43	
	5	20.42	
	6	20.43	
	7	20.39	
	8	20.30	
	9	20.40	
	10	20.43	
	11	20.42	
	12	20.41	
	13	20.39	
	14	20.39	
	15	20.40	
	$\bar{x}=\frac{\sum_{i=1}^{15} l_i}{n}=$		

④计算任务给定的电信号频率测得值一组数据的方差(10分)。

依据式(1-24)贝塞尔公式计算方差：

$$\hat{\sigma}(X)=\sqrt{\frac{\sum_{i=1}^{n}v_i^2}{n-1}}=$$

⑤根据 3σ 准则判断粗大误差并予以剔除(15分)。

⑥如有粗大误差，重新计算剔除后数据的数学期望 $\bar{x}'$(10分)。

$$\bar{x}'=$$

⑦重新计算剔除后数据的残差 v'(10分)。

任务报告单3

任务名称				
小组名称				
序号	任务结果			
1	序号	l	v	v'
	1	20.42		
	2	20.43		
	3	20.40		
	4	20.43		
	5	20.42		
	6	20.43		
	7	20.39		
	8	20.30		
	9	20.40		
	10	20.43		
	11	20.42		
	12	20.41		
	13	20.39		
	14	20.39		
	15	20.40		
	$\bar{x}=\frac{\sum_{i=1}^{15}l_i}{n}=$			

⑧计算剔除后数据的方差(10 分)。

依据式(1-24)贝塞尔公式计算方差:

$$\hat{\sigma}'(X) = \sqrt{\frac{\sum_{i=1}^{n} v_i^2}{n-1}} =$$

⑨根据 3σ 准则判断剔除后数据粗大误差并予以剔除(15 分)。

⑩若无粗大误差,则任务给定的电信号频率测得值一组数据的数学期望是多少(10 分)?

任务测评

教师引导学生对任务进行分析和讨论,针对任务反映的问题,根据各组提出解决方法,作简短的点评或补充性、提高性的总结,并指导各组进行组内互评,最后完成总体评价。

组内互评表

任务名称						
小组名称						
评价标准	如任务实施所示,共100分					
序号	分值	组内互评(下行填写评价人姓名、学号)				平均分
1	10					
2	10					
3	10					
4	15					
5	10					
6	10					
7	10					
8	15					
9	10					
总　分						

任务评价总表

任务名称						
小组名称						
评价标准	如任务实施所示,共100分					
序号	分值	自我评价(50%)			教师评价(50%)	单项总分
		自评	组内互评	平均分		
1	10					
2	10					
3	10					
4	15					
5	10					
6	10					
7	10					
8	15					
9	10					
总　分						

项目总结

本项目主要介绍了信号发生器的作用和基本组成、主要技术指标及其含义、信号发生器的原理和分析测量误差的方法等内容。通过本项目任务的操作,培养根据工作任务的要求合理选择信号发生器、熟练使用信号发生器和处理测试数据的能力,以及通过分组合作培养质量意识、环保意识、安全意识、集体意识和团队合作精神。

项目实训

实训:测试信号发生器输出信号并进行误差分析

每组任选五个波形,每个波形测试4个 V_{pp} 和频率数据,填入测试记录中,并进行误差分析,剔除粗大误差,并把测试结果进行修约,修约间隔为 10^{-1}。

测试记录表

<table>
<tr><td>测试人员</td><td colspan="5"></td></tr>
<tr><td>仪器设备</td><td colspan="5"></td></tr>
<tr><td>测试时间</td><td colspan="2"></td><td>测试地点</td><td colspan="2"></td></tr>
<tr><td>温度</td><td colspan="2"></td><td>湿度</td><td colspan="2"></td></tr>
<tr><td>序号</td><td>测试值1</td><td>测试值2</td><td>测试值3</td><td>测试值4</td><td>均值</td></tr>
<tr><td></td><td></td><td></td><td></td><td></td><td></td></tr>
<tr><td></td><td></td><td></td><td></td><td></td><td></td></tr>
<tr><td></td><td></td><td></td><td></td><td></td><td></td></tr>
<tr><td></td><td></td><td></td><td></td><td></td><td></td></tr>
<tr><td></td><td></td><td></td><td></td><td></td><td></td></tr>
</table>

实验所需公式:

均值:$\overline{X} = \frac{1}{n}\sum_{i=1}^{n} x_i$

残差:$v_i = x_i - \overline{X}$

方差:$\sigma(X) = \sqrt{\frac{\sum_{i=1}^{n} v_i}{n-1}}$

判断粗大误差:若 $|v_i| > 3\sigma$,则可认为该数据含有粗大误差,应予以剔除。

误差分析过程:

____

____

____

思考与练习

1. 简述在电子测量中信号发生器的作用。

2. 如何按信号频段和信号波形对测量用信号发生器进行分类?

3. 低频信号发生器的主振级采用RC振荡器,为什么不采用LC振荡器?简述文氏桥振荡器的工作原理。

4. XD-1型低频信号发生器表头指示分别为2 V和5 V,当输出旋钮分别指示下列各位置时,实际输出电压值为多大?

电平位置	0 dB	10 dB	20 dB	30 dB	40 dB	50 dB	60 dB	70 dB	80 dB	90 dB
表头指示2 V										
表头指示5 V										

5. 简述函数发生器的多波形生成原理,说明函数信号发生器的工作原理和过程。

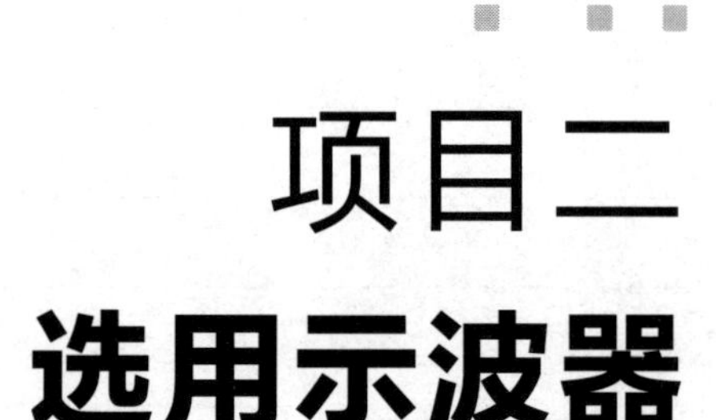

项目二

选用示波器

项目引入

某电子产品制造公司在研发产品和检验产品性能时有测试产品电信号的参数和波形的需求，选择示波器作为测试仪器是很好的选择，于是公司下达了要求测试人员使用示波器，性能指标为50 MHz以上带宽、±3%精确度、2 mV/div灵敏度、250 ms/div扫瞄范围、±0.01%准确度误差，进行产品测试的任务。公司的测试人员在接到任务后按照任务的要求，研究示波器性能指标和原理合理选择示波器，研究示波器的使用方法，以满足这个测试需求。

学习目标

- 能够根据测试任务的要求选择示波器；
- 能够熟练使用示波器观察被测信号的波形；
- 能够熟练使用示波器测试功能进行电信号的参数和波形的测试；
- 能够熟练使用示波器触发功能进行复杂电信号的参数和波形的测试；
- 能够熟练使用示波器存储功能进行被测电信号的参数和波形的存储和调取；
- 熟练掌握测量误差分析方法能够对测试数据进行误差分析。

任务 1 选择示波器

任务解析

根据任务性能指标为 50 MHz 以上带宽、±3%精确度、2 mV/div 灵敏度、250 ms/div 扫瞄范围、±0.01%准确度误差的要求,需要了解示波器的作用和分类,掌握示波器的主要技术指标及其含义,通过网络查找符合要求的示波器,学会根据测试要求选择示波器。

知识链接

一、示波器的作用

在对信号的测量中,人们通常希望能直观地看到电信号随时间变化的图形,如直接观察并测量一个正弦信号的波形、幅度、周期(频率)等基本参量,一个脉冲信号的前后沿、脉宽、上冲、下冲等参数。时域波形测量技术即电子示波器实现了人们的愿望,在示波器荧光屏上可用 X 轴代表时间,用 Y 轴代表函数关系 $f(t)$,就可描绘出被测信号随时间的变化关系。

示波器不但可将电信号作为时间的函数显示在屏幕上,更广义地说,示波器是一种能够反映任何两个参数互相关联的 X-Y 坐标图形的显示仪器,只要把两个有关系的变量转变为电参数,分别加至示波器的 X、Y 通道,就可以在荧光屏上显示这两个变量之间的关系,若以示波管中 X 光迹的方向偏转代表频率,用 Y 方向的偏转代表各频率分量的幅值,就可以组成一台频率分析仪器。如频谱仪和逻辑分析仪(逻辑示波器)都可以看成广义示波器。

波形显示和测量技术在电子工程、电子技术应用、通信等领域应用十分广泛,它不仅成为电路分析、电参数测量、仪器设备调试的重要手段,而且在生产、科研、国防、医学、地质等领域,以及某些过程的显示和状态监测中也起到重要作用。例如,在电路分析中,用一台示波器可随时检测电路有关节点的信号波形是否正常,各相关波形的时间、相位和幅度等关系是否正确,波形失真,干扰强弱等情况;在医疗仪器中,心电图测量仪、超声波诊断仪等都用了波形的显示和测量技术,可将被检查的部位以波形或图像形象地显示出来,使得诊断更加准确和可靠。

其中很多设备实际上只是给示波器添加了或多或少的配件,在用示波器作为一个图示仪描绘图形这一点上都是一致的。因此,示波测量技术是一类重要的基本测量技术,也是一种最灵活、多用的技术。示波器是时域分析的最典型仪器,也是当今电子测量领域中品种最多、数量最大、最常用的一类仪器。

示波器作为对信号波形进行直观观测和显示的电子仪器,其发展历程与整个电子技术的发展息息相关。首先,阴极射线管(CRT)的发明为示波器能够直观显示波形奠定了基础,它是 1878 年由英国 W. 克鲁克斯发现的。直到 1934 年,B. 杜蒙发明了 137 型示波器,堪称现代示波器的雏形。随后,国外创立的许多仪器公司,成为示波器研究和生产的主要厂商,对示波器的研究和生产起了很大的推动作用。

示波器的发展过程大致经历了三个时期:

第一阶段:20 世纪 30 ~ 50 年代的电子管时期,它是模拟示波器的诞生和实用化阶段。在这个阶段诞生了多种类型的示波器,如通用的模拟示波器、记忆示波器以及为观测高频周期信号的采样示波器,并已达到实用化。但由于当时的技术水平,示波器的带宽仍很有限,1958 年时,模拟示波器的最高带宽达到 100 MHz。

第二阶段:20 世纪 60 年代的晶体管时期,它是示波器技术水平不断提高的阶段。如模拟示波器带宽为 100 MHz、150 MHz、300 MHz。

第三阶段:20 世纪 70 年代以后的集成电路时期,它是模拟示波器技术指标进一步提高和数字化示波器诞生、发展阶段。随着器件技术的发展和工艺水平的提高,模拟示波器指标得到快速提升,从 1971 年的 500 MHz 到 1979 年的 1 GHz,创造了模拟示波器的带宽高峰。

数字技术的发展和微处理器的问世,对示波器的发展产生了重大影响。1974 年诞生了带微处理器的示波器(智能数字示波器),当示波器装上微处理器后,使示波器具有数字处理和程序编制功能,可以很方便地分析被测信号、计算波形参数、变换计量单位、自动显示各种数字信息,既提高了测量精度,又扩展了使用功能。1983 年带宽为 50 kHz 的数字存储示波器问世,经过多年的努力,数字存储示波器的性能得到了很大的提高。现在,数字存储示波器无论在产品的技术水平还是在其性能指标上都优于或接近于模拟示波器,大有取代模拟示波器之势。数字存储示波器是示波器发展的一个主要方向。

二、示波器分类

从示波器对信号的处理方式出发,可将示波器分为模拟、数字两大类。

示波器荧光屏上显示的波形,是反映被测信号幅值的 Y 方向的被测信号与代表时间 t 的 X 方向的锯齿波扫描电压共同作用的结果。被测信号经 Y 通道处理(衰减/放大等)后提供给 CRT 的 Y 偏转,锯齿波扫描电压通常是在被测信号的触发下,由 X 通道的扫描发生器产生后提供给 CRT 的 X 偏转。

模拟示波器的 X、Y 通道对时间信号的处理均由模拟电路完成,整个处理均采用模拟方式进行,即 X 通道提供连续的锯齿波电压,Y 通道提供连续的被测信号,它们均为连续信号,而 CRT 屏幕上的图形显示也是光点连续运动的结果,即显示方式是模拟的。

数字示波器则对 X、Y 方向的信号进行数字化处理,即把 X 轴方向的时间离散化,Y 轴方向的幅度量化,获得被测信号波形。

1. 模拟示波器

模拟示波器又可分为通用示波器、多束示波器、采样示波器、记忆示波器和专用示波器等。

通用示波器采用单束示波管,它根据能在荧光屏上显示出的信号数目,可分为单踪、双踪、多踪示波器。多束示波器又称多线示波器,它采用多束示波管,荧光屏上显示的每个波形都由单独的电子束扫描产生,能同时观测、比较两个以上的波形。

将要观测的信号经衰减、放大后送入示波器的垂直通道,同时用该信号驱动触发电路,产生触发信号送入水平通道,最后在示波器上显示出信号波形。这是最为经典而传统的一类示波器,因此,也通常称为通用示波器,其内部电路均为模拟电路。在 100 MHz 以下的示波器中,模拟示波器占多数,且具有较高的性价比。

采样示波器采用时域采样技术将高频周期信号转换为低频离散信号显示,从而可以用较低频率的示波器测量高频信号。由于信号的幅度尚未量化,这类示波器仍属模拟示波器。

记忆示波器采用有记忆功能的示波管,实现模拟信号的存储、记忆和反复显示,特别适宜观测单次瞬变信号。

专用示波器是能够满足特殊用途的示波器,又称特殊示波器,如矢量示波器、心电示波器、电视示波器、逻辑示波器等。

2. 数字示波器

数字示波器将输入信号数字化(时域采样和幅度量化)后,经由D/A转换器再重建波形。

它具有记忆、存储被观测信号的功能,可以用来观测单次过程和非周期现象、低频和慢速信号。由于其具有存储信号的功能,又称数字存储示波器(Digital Storage Oscilloscope,DSO)。根据采样方式不同,又可分为实时采样、随机采样和顺序采样三大类。由于模拟电路的带宽限制,100 MHz以上的示波器中,以数字示波器为主。

三、示波器的主要技术指标

1. 频带宽度BW和上升时间 t_r

示波器的频带宽度BW一般指Y通道的频带宽度,即Y通道输入信号上、下限频率 f_H 和 f_L 之差:$BW=f_H-f_L$。一般下限频率 f_L 可达直流(0 Hz),因此,频带宽度也可以用上限频率 f_H 来表示。

上升时间 t_r 是一个与频带宽度BW相关的参数,它表示由于示波器Y通道的频带宽度的限制,当输入一个理想阶跃信号(上升时间为零)时,显示波形的上升沿的幅度从10%上升到90%所需的时间。它反映了示波器Y通道跟随输入信号快速变化的能力,Y通道的频带宽度越宽,输入信号的高频分量衰减越少,显示波形越陡峭,上升时间就越小。

频带宽度BW与上升时间 t_r 的关系可近似表示为

$$t_r[\mu s]\approx\frac{0.35}{BW[MHz]} \tag{2-1}$$

例如,对于带宽100 MHz的示波器,上升时间约为3.5 ns。以上是认为阶跃信号是理想的($t_r=0$),上升时间 t_r 只是由于示波器带宽有限引起的。在用示波器定量测试信号前沿时,如果被观测信号的实际上升沿为 t_R,示波器对理想阶跃信号产生的上升时间为 t_r。当这个条件得不到满足时,被测信号的实际上升时间可按下式求得

$$t_R=\sqrt{t_r'^2-t_r^2} \tag{2-2}$$

式中,t_r' 为由示波器测得的信号上升时间。

2. 扫描速度

扫描速度是指荧光屏上单位时间内光点水平移动的距离,单位为cm/s。荧光屏上为了便于读数,通常用间隔1 cm的坐标线作为刻度线,每1 cm称为"1格"(用div表示),因此扫描速度的单位也可表示为div/s。

扫描速度的倒数称为"时基因数"。它表示单位距离代表的时间,单位为μs/cm或ms/div。在示波器的面板上,通常按1、2、5的顺序分成很多挡,当选择较小的时基因数时,可将高频信号在水平方向上展开。此外,面板上还有时基因数的"微调"(当调到最尽头时,为"校准"位置)和"扩

展”(×1 或 ×5 倍)旋钮,当需要进行定量测量时,应置于“校准”“ ×1”的位置。

3. 偏转因数

偏转因数指在输入信号作用下,光点在荧光屏上的垂直(Y)方向移动 1 cm(即 1 div)所需的电压值,单位为 V/cm、mV/cm(或 V/div、mV/div)。示波器面板上,通常也按 1、2、5 的顺序分成很多挡,此外,还有“微调”(当调到最尽头时,为“校准”位置)旋钮。偏转因数表示了示波器 Y 通道的放大/衰减能力,偏转因数越小,表示示波器观测微弱信号的能力越强。

偏转因数的倒数称为“(偏转)灵敏度”,单位为 cm/V、cm/mV(或 div/V、div/mV)。对灵敏度在 μV 量级,主要用于观测微弱信号(如生物医学信号)的示波器称为高灵敏度示波器,但其带宽较窄,一般为 1 MHz。

4. 输入阻抗

当被测信号接入示波器时,输入阻抗 Z_i形成被测信号的等效负载。当输入直流信号时,输入阻抗用输入电阻 R_i表示,通常为 1 MΩ;当输入交流信号时,输入阻抗用输入电阻 R_i和输入电容 C_i的并联表示,C_i一般在 33 pF 左右,当使用有源探头时,$R_i = 10$ MΩ,$C_i < 10$ pF。

5. 输入方式

输入耦合方式一般有直流(DC)、交流(AC)和接地(GND)三种,可通过示波器面板选择。直流耦合即直接耦合,输入信号的所有成分都加到示波器上;交流耦合用于只需要观测输入信号的交流波形时,它将通过隔直电容器去掉信号中的直流和低频分量(如低频干扰信号);接地方式则断开输入信号,将 Y 通道输入直接接地,用于信号幅度测量时确定零电平位置。

微课

电子示波器的使用

6. 触发源选择方式

触发源是指用于提供产生扫描电压的同步信号来源,一般有内触发(INT)、外触发(EXT)、电源触发(LINE)三种。内触发即由被测信号产生同步触发信号;外触发由外部输入信号产生同步触发信号,通常该外部输入信号与被测信号具有某种时间同步关系;电源触发即利用 50 Hz 工频电源产生同步触发信号。

任务实施

本任务建议分组完成,每组 4 ~5 人(包括组长 1 人),组内成员分别独自完成知识链接相关知识的学习,组长根据成员的学习情况进行分工,各成员根据分工通过分头查阅资料,进行小组讨论,完成相应的工作。

①学习相关知识,分解任务,进行小组分工。

任务分工表

任务名称				
小组名称			组长	
小组成员	姓名		学号	
	姓名		学号	
	姓名		学号	
	姓名		学号	
	姓名		学号	

	姓名	完成任务
小组分工		

②分析应选择的示波器类型(30 分)。

根据示波器的作用和原理的相关知识,列出示波器分为哪几类(15 分)?按照任务的要求应该选择什么信号发生器(15 分)?

③技术指标的选择(30 分)。

示波器包括哪些性能指标(15 分)?按照任务的要求应该选择什么性能指标的示波器(15 分)?

④登录固纬电子(苏州)有限公司官网,查找 GDS-1000 数字存储示波器,了解该示波器的性能指标,是否满足项目的要求,填入选择的示波器性能指标核准表(40 分)。

选择的示波器性能指标核准表

序号	性能指标	性能指标要求	所选仪器性能指标	是否符合要求	分数
1	带宽	50 MHz 以上			8 分
2	垂直系统精确度	±3%			8 分
3	垂直系统灵敏度	2 mV/div			8 分
4	扫瞄范围	250 ms/div			8 分
5	水平系统准确度误差	±0.01%			8 分

任务测评

教师引导学生对任务进行分析和讨论,针对任务反映的问题,根据各组提出解决方法,作简短的点评或补充性、提高性的总结,并指导各组进行组内互评,最后完成总体评价。

组内互评表

任务名称						
小组名称						
评价标准	如任务实施所示,共 100 分					
序号	分值	组内互评(下行填写评价人姓名、学号)				平均分
1	30					
2	30					
3	40					
总　分						

任务评价总表

任务名称						
小组名称						
评价标准	如任务实施所示,共 100 分					
序号	分值	自我评价(50%)			教师评价(50%)	单项总分
		自评	组内互评	平均分		
1	30					
2	30					
3	40					
总　分						

任务2 使用示波器基本操作方法

完成本任务，以固伟公司生产的GDS-1000示波器为例，学会示波器的基本操作方法，通过示波器的使用学习，了解示波器的波形显示原理，熟练掌握使用示波器观测电信号的参数和波形方法。

知识链接

一、阴极射线示波管(CRT)

通用示波器是示波器中应用最广泛的一种，它通常泛指采用单束示波管组成的示波器，通用示波器的工作原理是其他大多数类型示波器工作原理的基础，只要掌握了通用示波器的结构特性及使用方法，就可以较容易地掌握其他类型示波器的原理与应用。

目前，示波器的显示器有阴极射线示波管(CRT)和平板显示器(LCD)两大类，这里主要介绍CRT的结构和显示原理。CRT主要由电子枪、偏转系统和荧光屏三部分组成，它们被密封在真空的玻璃管内，基本结构如图2-1所示。其工作原理是：由电子枪产生的高速电子束轰击荧光屏的相应部位产生荧光，而偏转系统则能使电子束产生偏转，从而改变荧光屏上光点的位置。

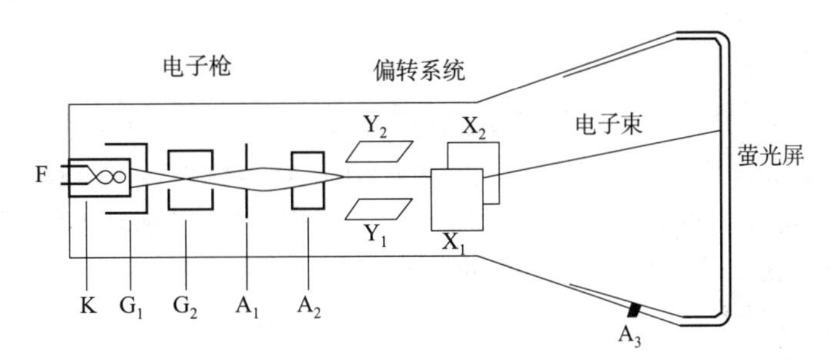

图2-1 阴极射线示波管基本结构

1. 电子枪

电子枪的作用是发射电子并形成很细的高速电子束。它由灯丝F、阴极K、栅极G_1和G_2以及阳极A_1和A_2组成。当电流流过灯丝后对阴极加热(电能转换为热能)，使涂有氧化物的阴极产生大量电子，并在后续电场作用下(电势能转换为动能)轰击荧光屏发光(动能转换为光能和热能)。

阴极和第一、第二阳极A_1、A_2之间为控制栅极G_1、G_2，G_1呈圆桶状，包围着阴极，只有在面向荧光屏的方向开一个小孔，使电子束从小孔中穿过。栅极G_1电位比阴极K的电位低，对电子有排斥作用，通过调节G_1对K的负电位可控制电子束中电子的数目，从而调节光点的亮度，G_1的电位越小，打在荧光屏上的电子束中电子的数目N越少，显示亮度越暗，反之，显示亮度越强。

当电子束离开栅极小孔时电子互相排斥而发散，通过第一阳极 A_1 使电子汇集，通过第二阳极 A_2 使电子加速。A_1 和 A_2 的电位远高于 K，它们与 G_1 形成聚焦和加速系统，对电子束进行聚焦并加速，使到达荧光屏的电子形成很细的一束并具有很高速度的电子流。G_2 和 A_2 具有等电位，这样只要调节 A_1 的电位，即可调节 G_2 与 A_1 和 A_2 与 A_1 之间的电位，调节 A_1 的电位器称为“聚焦”旋钮；调节 A_2 的电位器称为“辅助聚焦”旋钮。

2. 偏转系统

示波管的偏转系统由两对互相垂直的平行金属板组成，分别称为垂直（Y）偏转板和水平（X）偏转板，采用静电偏转原理，即偏转板在外加电压的作用下使电子枪发出的电子束产生偏转。X、Y 偏转板的中心轴线与示波管中心轴线重合，分别独立地控制电子束在水平和垂直方向上的偏转。当偏转板上没有外加电压（或外加电压为零）时，电子束打向荧光屏的中心点；如果有外加电压，则偏转板之间形成电场，在偏转电压的作用下，电子束打向由 X、Y 偏转板共同决定的荧光屏上的某个位置。

通常，为了示波管有较高的测量灵敏度，Y 偏转板置于靠近电子枪的部位，而 X 偏转板在 Y 的右边（见图 2-1）。电子束在偏转电场作用下的偏转距离与外加电压成正比。

电子将以 v_0 为初速度进入偏转板，根据物理学知识，电子经过偏转板后的运动轨迹将类似抛物线，偏转距离与偏转板上所加电压和偏转板结构的多个参数有关，其物理意义可解释如下：若外加电压越大，则偏转电场越强，偏转距离越大；若偏转板长度越长，偏转电场的作用距离就越长，因而偏转距离越大；若偏转板到荧光屏的距离越长，则电子在垂直方向上的速度作用下，使偏转距离越大；若偏转板间距越大，偏转电场将减弱，使偏转距离减小；若阳极 A_2 的电压越大，电子在轴线方向的速度越大，穿过偏转板到荧光屏的时间越小，因而偏转距离减小。

则可写为

$$y = S_y U_y \tag{2-3}$$

称比例系数 S_y 为示波管的 Y 轴偏转灵敏度（单位为 cm/V），$D_y = 1/S_y$ 为示波管的 Y 轴偏转因数（单位为 V/cm），它是示波管的重要参数。S_y 越大，示波管 Y 轴偏转灵敏度越高。式(2-3)表示，垂直偏转距离与外加垂直偏转电压成正比，即 $y \propto U_y$。同样，对水平偏转系统，亦有 $x \propto U_x$。

据此，当偏转板上施加的是被测电压时，可用荧光屏上的偏转距离表示该被测电压的大小。

为提高 Y 轴偏转灵敏度，可适当降低第二阳极电压，而在偏转板至荧光屏之间加一个后加速阳极 A_3，使穿过偏转板的电子束在轴向（Z 方向）得到较大的速度。这种系统称为先偏转后加速（Post Deflection Acceleration，PDA）系统。后加速阳极上的电压可高达数千至上万伏，可比第二阳极高十倍左右，大大改善了偏转灵敏度。

3. 荧光屏

荧光屏将电信号变为光信号，它是示波管的波形显示部分，通常制作成矩形平面（也有圆形平面的）。其内壁有一层荧光（磷）物质，面向电子枪的一侧还常覆盖一层极薄的透明铝膜，高速电子可以穿透这层铝膜轰击屏上的荧光物质而发光，即电子的动能转换为光能和相当一部分热能，透明铝膜的作用可吸收无用的热量，并可吸收荧光物质发出的二次电子和光束中的负离子，因此，不但可以保护荧光屏，而且可消除反光使显示图像更清晰。

在使用示波器时，应避免电子束长时间停留在荧光屏的一个位置，否则将使荧光屏受损（不但会降低荧光物质的发光效率，并可能在屏上形成黑斑），在示波器开启后不使用的时间内，可将

"辉度"调暗。

当电子束停止轰击荧光屏时，光点仍能保持一定的时间，这种现象称为"余辉效应"。从电子束移去到光点亮度下降为原始值的10%所持续的时间称为余辉时间。余辉时间与荧光材料有关，一般将余辉时间小于10 μs的称为极短余辉；10 μs～1 ms为短余辉；1 ms～0.1 s为中余辉；0.1～1 s为长余辉；大于1 s为极长余辉。

正是由于荧光物质的"余辉效应"以及人眼的"视觉残留"效应，尽管电子束每一瞬间只能轰击荧光屏上一个发光点，但电子束在外加电压下连续改变荧光屏上的光点，就能看到光点在荧光屏上移动的轨迹，该发光点的轨迹即描绘了外加电压的波形。

为便于使用者观测波形，需要对电子束的偏转距离进行定度。为此，有的示波管内侧刻有垂直和水平的方格子(一般每格1 cm，用div表示)，或者在靠近示波管的外侧加一层有机玻璃，在有机玻璃上标出刻度，但读数时应注意尽量保持视线与荧光屏垂直，避免视差。

二、波形显示的基本原理

在电子枪中，电子运动经过聚焦形成电子束，电子束通过垂直和水平偏转板打到荧光屏上产生亮点，亮点在荧光屏上垂直或水平方向偏转的距离，正比于加在垂直或水平偏转板上的电压，即亮点在屏幕上移动的轨迹是加到偏转板上的电压信号的波形。示波器显示图形或波形的原理是基于电子与电场之间的相互作用原理的。根据这个原理，示波器可显示随时间变化的信号波形和显示任意两个变量X和Y的关系图形。

1. 光点的运动与迹线

若X偏转板和Y偏转板上的电压均为零，光点处于屏幕正中心，如图2-2所示。

若仅在Y偏转板加上直流电压，光点将向上(电压为正极性时，见图2-3)或向下(电压为负极性时，见2-3)偏移。电压越大，光点偏移的距离越大。由于X偏转板未加电压(即电压为零)，光点在水平方向没有偏移，所以光点只会出现在屏幕的垂直中心线上，且静止不动。

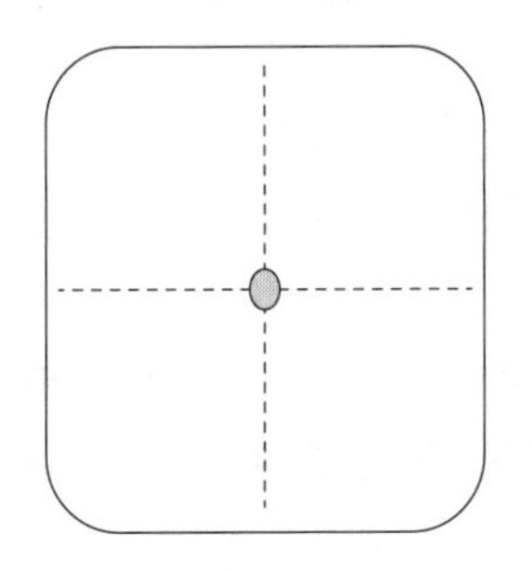

图2-2 若X偏转板和Y偏转板上的电压均为零，光点处于屏幕正中心

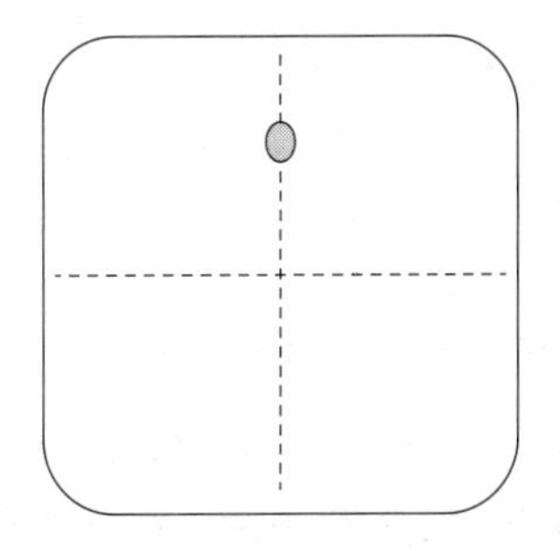

图2-3 若仅在Y偏转板加上直流电压，光点位置

若仅在X偏转板加上直流电压，屏幕上只有一个出现在水平中心线上的亮点。其位置由电压的极性和大小决定，如图2-4所示。

若在X、Y偏转板加上直流电压，屏幕上只有一个亮点。其位置由电压的极性和大小决定，如图2-5所示。

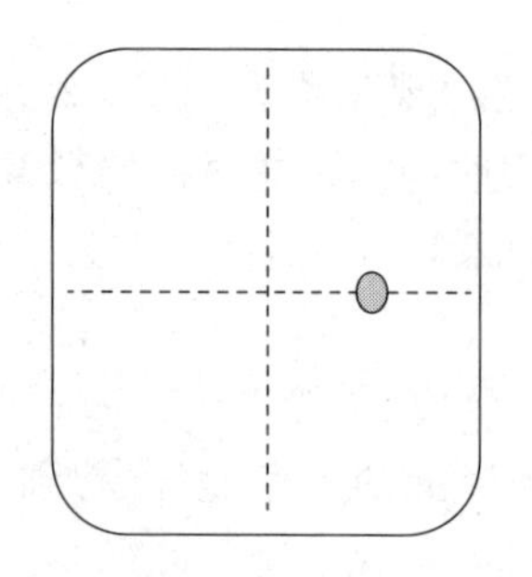

图 2-4 若仅在 X 偏转板加上直流电压,光点位置

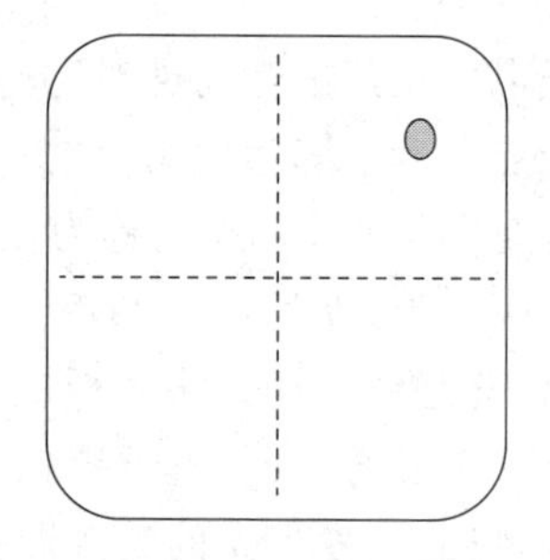

图 2-5 若在 X、Y 偏转板加上直流电压,光点位置

若将 Y 偏转板所加电压改为交流电压,则因电压的瞬时值随时间不断变化,将使光点在垂直方向上不断变化位置。此时屏幕上显示的是一个沿垂直中心线运动的光点。当电压频率高于数赫兹之后,光点的运动过程无法看清,而只能看到一条垂直亮线,如图 2-6 所示。

若将 X 偏转板所加电压改为交流电压,屏幕上显示的是一个沿水平中心线运动的光点。交流电压频率高于数赫兹之后,从屏幕上看到的是一条水平亮线,如图 2-7 所示。

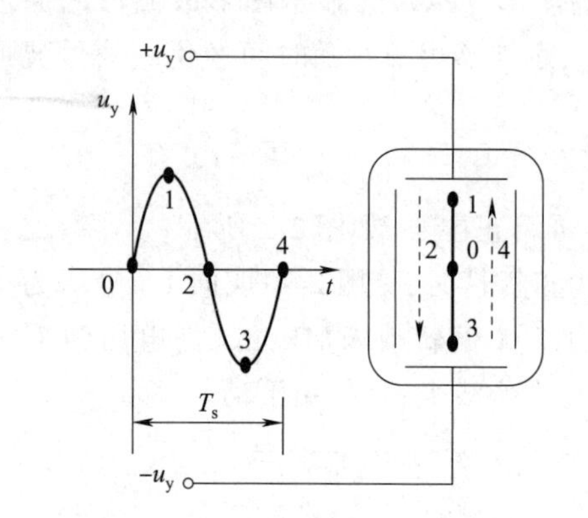

图 2-6 若将 Y 偏转板所加电压改为交流电压,屏幕图像

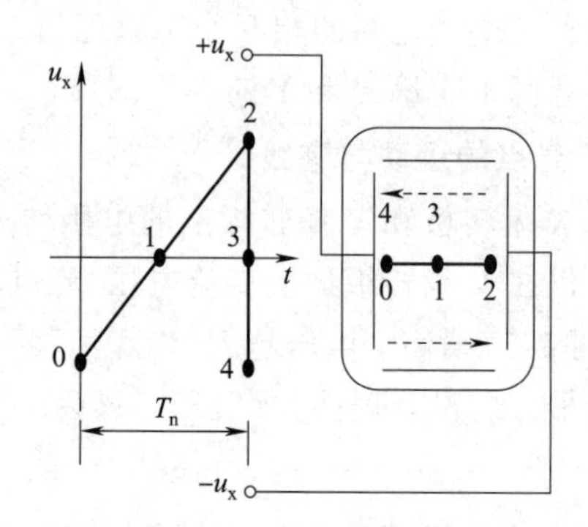

图 2-7 若将 X 偏转板所加电压改为交流电压,屏幕图像

当 X 偏转板与 Y 偏转板均加上交流电压,由于两个电压的瞬时值都在变化,因而光点在水平和垂直两个方向的位置都将随之不断改变。显然,由于荧光屏的余辉特性,光点的运动将在屏幕上留下一条迹线,这就是两个电压之间的函数曲线图。

综上所述,在 X 偏转板和 Y 偏转板上所加电压都是直流电压时,荧光屏上显示的只是一个不动的光点。而光点的位置,由 X 偏转板和 Y 偏转板上的电压大小与极性共同决定。

若一对偏转板加上交流电压,另一对偏转板加直流电压,屏幕上显示的是一个沿垂直线或沿水平线运动的光点。一般情况下,从屏幕上看到的是一条垂直或水平亮线。

当两对偏转板所加均为交流电压时,荧光屏上出现的是一个可在整个屏幕上运动的光点。而在每一个瞬间,光点的位置是由 X 偏转板和 Y 偏转板上的瞬时电压大小与极性共同决定。显然,该光点运动的迹线,就是两个电压的瞬时值的函数曲线。

2. 波形的展开——扫描

所谓波形图,是电信号的瞬时电压与时间的函数曲线图。这是一个在直角坐标系中画出的函数图形。其中,纵轴代表电压,横轴代表时间。显然,要用示波管显示波形,应该让荧光屏上光点垂直方向的位移正比于被测信号的瞬时电压,而光点水平方向的位移正比于时间。也就是说,应将被测的电信号 U_y加在 Y 偏转板上。

但是,如前所述,仅将 U_y加在 Y 偏转板上,屏幕上显示的只是一条垂直亮线,而不是波形。这好似将波形沿水平方向压缩成一条垂直线。要将此垂直线展开成波形,就必须在 X 偏转板加上正比于时间的电压。

在 X 偏转板上加锯齿波电压时,光点扫动的过程称为扫描。这个锯齿波电压称为扫描电压。这里对锯齿波电压的要求是:在锯齿波的正程期,其瞬时值 $U_x = at$(a 为常数)。

如果仅仅将锯齿波电压加在 X 偏转板(Y 偏转板上不加信号),那么屏上光点从左端沿水平方向匀速运动到右端,然后快速返回到左端,以后重复这个过程。此时,光点运动的迹线是一条水平线,常称为扫描线或时基线。因扫描线是一条直线,故称为直线扫描。由上已知,在锯齿波的正程期,锯齿波电压的瞬时值与时间成正比。屏上光点的水平位移 X 正比于 X 偏转板所加电压 U_x。因此,当 U_x为线性锯齿波电压时,屏上光点的水平位移将与时间成正比。

若将被测信号(如正弦波)加在 Y 偏转板上,同时将线性锯齿波电压(扫描电压)加在 X 偏转板上,则在被测信号电压和扫描电压的共同作用下,屏上光点将从左到右描绘出一条迹线,如图 2-8 所示。

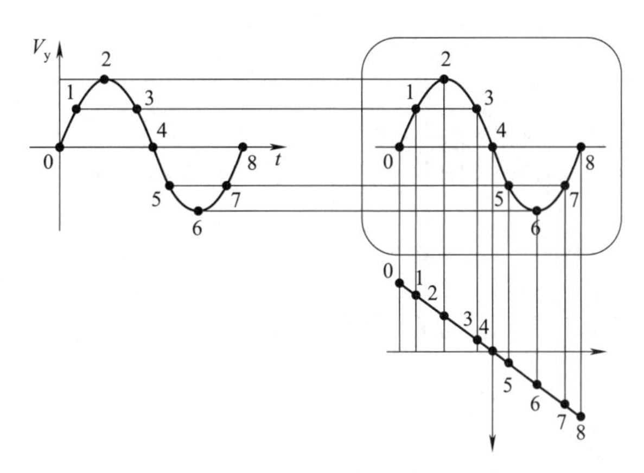

图 2-8　将被测信号加在 Y 偏转板上,同时将线性锯齿波电压（扫描电压）加在 X 偏转板上,屏幕图像

由前面的分析已知,这条迹线上每一点的垂直位移,均正比于被测电压的瞬时值;而迹线上每一点的水平位移,均正比于时间。因此说,这条迹线就是被测信号的波形。

至此可知,荧光屏上显示的波形,是一个运动的光点画出的一条迹线。而要得到代表波形的迹线,必须在 X 偏转板上加线性锯齿波电压。

当锯齿波电压达到最大值时,光点达到最右端,然后锯齿波电压迅速返回起始点,光点也迅速返回最左端。光点在锯齿波作用下扫动的过程称为扫描,能实现扫描的锯齿波电压称为扫描电压,光点自左向右的扫动称为扫描行程,光点自右端返回起点称为扫描回程。

在扫描电压作用的同时，将一定幅度的被测信号 $f(t)=V_{m}\sin\omega t$ 加到 Y 偏转板上，电子束就会在沿水平运动的同时，在 Y 方向按信号规律变化，任一瞬间光点的 X、Y 坐标分别由这一时刻的扫描电压和信号电压共同决定。扫描电压与信号电压同时作用到 X、Y 偏转板的情形如图 2-9 所示。

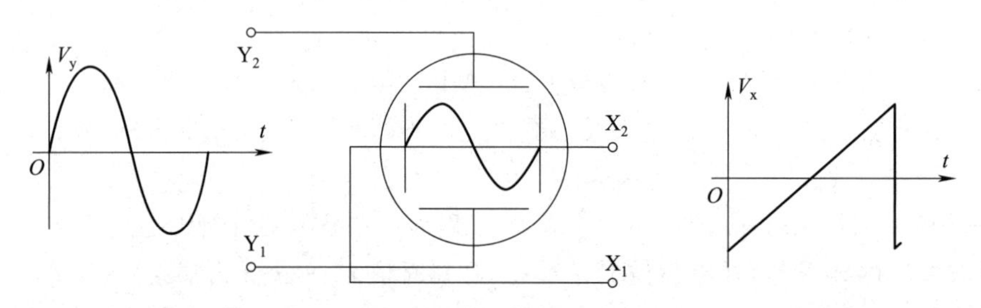

图 2-9 扫描电压与信号电压同时作用到 X、Y 偏转板，屏幕图像

示波器两个偏转板上都加正弦电压时显示的图形称为李沙育（Lissajous）图形，这种图形在相位和频率测量中常会用到。

若两正弦信号的初相相同，频率相同，且在 X、Y 方向的偏转距离相同，在荧光屏上画出一条与水平轴呈 45°角的直线，如图 2-10 所示。

若两正弦信号的频率相同，初相相差 90°，且在 X、Y 方向的偏转距离相同，在荧光屏上画出的图形为圆，如图 2-11 所示。

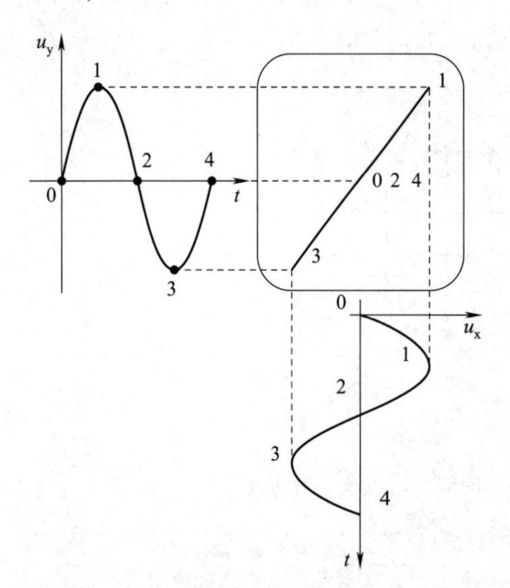

图 2-10 两正弦信号的初相相同，频率相同的李沙育图形

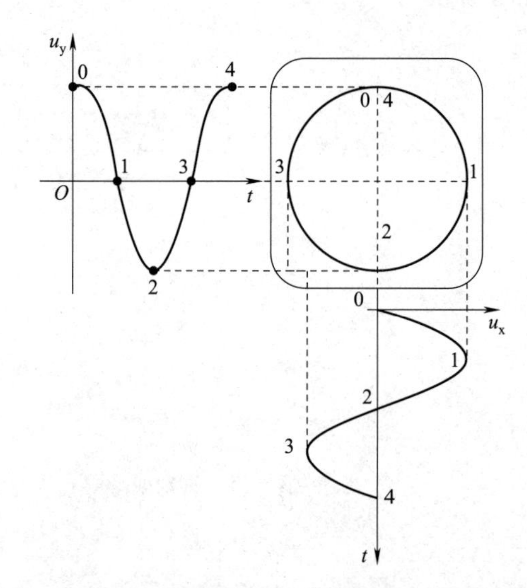

图 2-11 两正弦信号的初相相差 90°，频率相同的李沙育图形

示波器两个偏转板上都加正弦电压时显示李沙育（Lissajous）图形，见表 2-1。

表 2-1　李沙育(Lissajous)图形示例表

φ	0°	45°	90°	135°	180°
$\frac{f_y}{f_x}=1$					
$\frac{f_y}{f_x}=\frac{2}{1}$					
$\frac{f_y}{f_x}=\frac{3}{1}$					
$\frac{f_y}{f_x}=\frac{3}{2}$					

3. 波形的稳定——同步

当在示波管的 X 偏转板上加扫描电压后,经一次扫描,光点在荧光屏上绘出代表电信号波形的迹线。由荧光屏的特性可知,该迹线仅能短暂存留。若要想长时间看到这条迹线,必须让光点不断地重复描绘,且要求每次描绘的迹线,均能完全重合。

当扫描电压的周期(T_n)是被观察信号周期(T_s)的整数倍时,即 $T_n = NT_s$($N = 1,2,\cdots$),扫描的后一个周期描绘的波形与前一周期完全重合,荧光屏上得到稳定的波形,此时,扫描电压与信号同步,如图 2-12 所示。

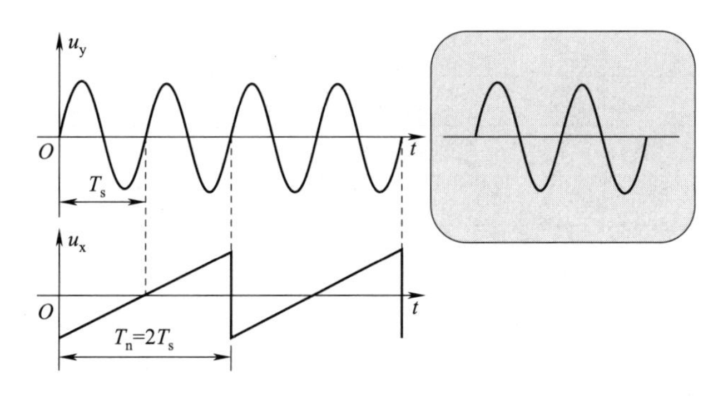

图 2-12　$T_n = 2T_s$ 时,荧光屏显示的波形情况

当扫描电压的周期(T_n)不等于被测信号周期(T_s)的整数倍时,扫描的后一个周期描绘的波形与前一周期不重合,荧光屏上看到的是一个移动的波形,此时,扫描电压与信号不同步,如图 2-13 所示。

一般地,如果扫描电压周期 T_n 与被测信号周期 T_s保持 $T_n = nT_s$ 的关系,则扫描电压与被测信号“同步”。如果增加 T_n(扫描频率降低)或降低 T_s(信号频率增加)时,显示波形的周期数将增加。$T_n \neq nT_s$(n 为正数)。即不满足同步关系时,则后一个扫描周期描绘的图形与前一扫描周期的图形不重合,显示的波形是不稳定的。

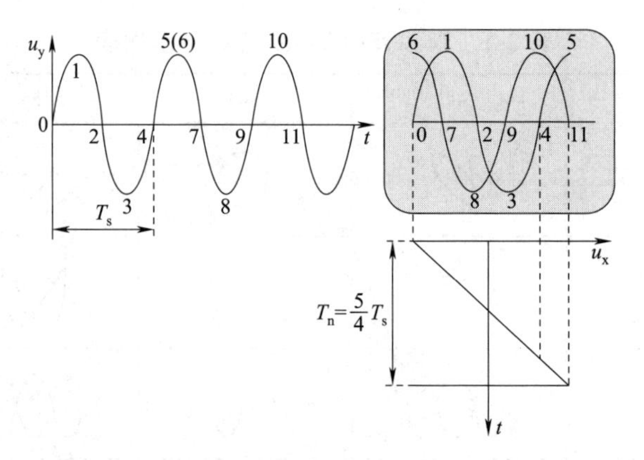

图 2-13 $T_n=\frac{5}{4}T_s$ 时荧光屏显示的波形情况

任务实施

本任务建议分组完成，每组 4～5 人（包括组长 1 人），组内成员分别独自完成知识链接相关知识的学习，组长根据成员的学习情况进行分工，各成员根据分工通过分头查阅资料，参加小组讨论，完成相应的工作。

①学习相关知识，分解任务，进行小组分工。

任务分工表

任务名称				
小组名称			组长	
小组成员	姓名		学号	
	姓名		学号	
	姓名		学号	
	姓名		学号	
	姓名		学号	
小组分工	姓名	完成任务		

②熟悉 GDS-1000 示波器面板装置的名称、位置和作用（40 分）。

GDS-1000 示波器前面板如图 2-14 所示。

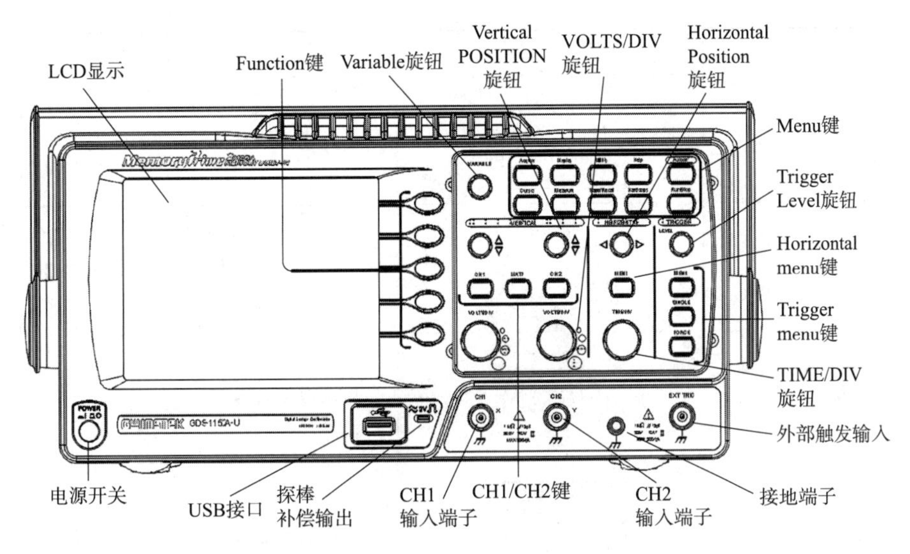

图 2-14　GDS-1000 示波器前面板图

GDS-1000 前面板功能表见表 2-2。

表 2-2　前面板功能表(20 分)

名　称	图　标	功　能
LCD 显示		TFT 彩色,320 像素 × 234 像素分辨率,宽视角 LCD 显示
Function 键:F1(顶)~F5(底)		打开 LCD 屏幕左侧的功能
Variable 旋钮	VARIABLE	增大或减小数值,移至下一个或上一个参数
Acquire 键	Acquire	设置获取模式
Display 键	Display	设置屏幕设置

续上表

名　　称	图　　标	功　　能
Cursor 键	Cursor	运行光标测量
Utility 键	Utility	设置 Hardcopy 功能，显示系统状态，选择菜单语言，运行自我校准，设置探棒补偿信号，以及选择 USB host 类型
Help 键	Help	显示帮助内容
Autoset 键	Autoset	根据输入信号自动进行水平、垂直以及触发设置
Measure 键	Measure	设置和运行自动测量
Save/Recall 键	Save/Recall	存储和调取图像，波形或面板设置
Hardcopy 键	Hardcopy	将图像、波形或面板设置存储至 USB
Run/Stop 键	Run/Stop	运行或停止触发
Trigger level 旋钮	TRIGGER LEVEL	设置触发准位
Trigger menu 键	MENU	触发设置
Single trigger 键	SINGLE	选择单次触发模式

续上表

名　称	图　标	功　能
Trigger force 键	FORCE 	无论此时触发条件如何，获取一次输入信号
Horizontal menu 键	MENU 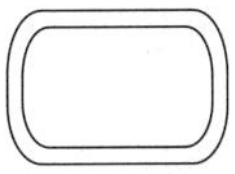	设置水平视图
Horizontal position 旋钮		水平移动波形
TIME/DIV 旋钮	TIME/DIV 	选择水平挡位
Vertical position 旋钮	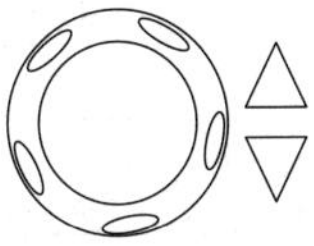	垂直移动波形
CH1/CH2 键	CH 1 	设置垂直挡位和耦合模式
VOLTS/DIV 旋钮	VOLTS/DIV 	选择垂直挡位
输入端子	CH 1 	接收输入信号：(1 ± 2%) MΩ 输入阻抗，BNC 端子
接地端子		连接 DUT 接地导线，常见接地
MATH 键	MATH 	完成数学运算

续上表

名　称	图　标	功　能
USB 接口		用于传输波形数据、屏幕图像和面板设置
探棒补偿输出	≈2V	输出 $2V_{pp}$ 方波信号,用于补偿探棒或演示
外部触发输入	EXT TRIG	接收外部触发信号
电源开关	POWER	打开或关闭示波器

GDS-1000 示波器后面板如图 2-15 所示。

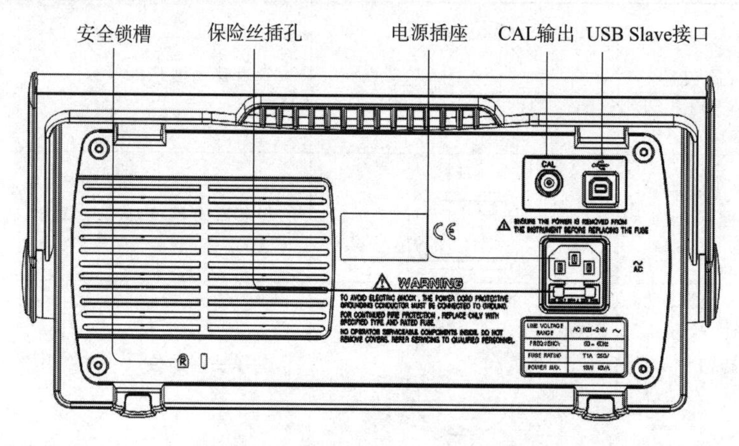

图 2-15　GDS-1000 示波器后面板图

GDS-1000 后面板功能表见表 2-3。

表 2-3　后面板功能表(10 分)

名　称	图　标	功　能
电源插座 保险丝插孔		电源插座接收 100 ~ 240 V,50/60 Hz 的 AC 电源 AC 电源保险丝型号:T1A/250 V
USB slave 接口		连接 B 类(slave)公头 USB 接口,用于示波器的远程控制

续上表

名　称	图　标	功　能
CAL 输出	CAL	输出校准信号,用于精确校准垂直挡位
安全锁槽		标准的手提电脑安全锁槽

GDS-1000 示波器显示面板如图 2-16 所示。

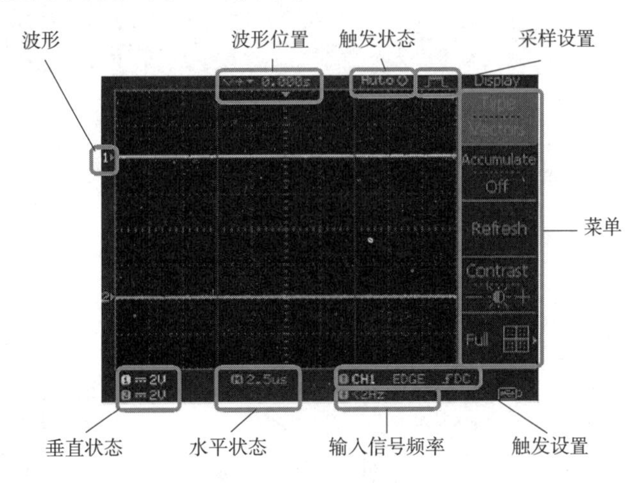

图 2-16　GDS-1000 示波器显示面板图

GDS-1000 示波器显示面板功能表见表 2-4。

表 2-4　显示面板功能表(10 分)

名　称	功　能
波形	Channel 1:黄色;Channel 2:蓝色
触发状态	Trig'd　正在触发信号 Trig?　等待触发条件 Auto　无论触发条件如何,更新输入信号 STOP　停止触发
输入信号频率	实时更新输入信号频率(触发源信号) "<2 Hz"说明信号频率小于低频限制(2 Hz),不准确
触发设置	显示触发源、类型和斜率。如果为视频触发,显示触发源和极性
水平状态 垂直状态	显示通道设置:耦合模式、垂直挡位和水平挡位

③设置示波器(20 分)。

介绍如何正确设置示波器,包括调整手柄、连接信号、调整挡位和补偿探棒。在新环境下操作示波器之前,请完成这些内容,以保证示波器功能稳定。示波器设置步骤见表 2-5。

表 2-5 示波器设置步骤

步 骤	图示或操作
1. 稍稍向外拉一下手柄两侧	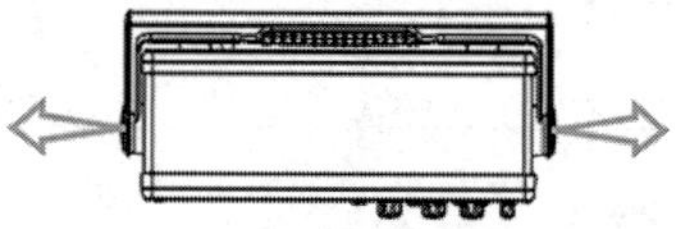
2. 三个预设位置,将手柄旋转至其中一个	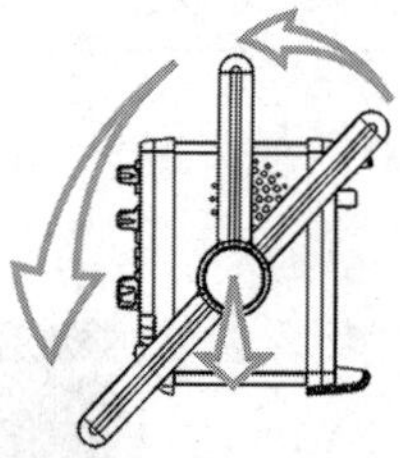
3. 连接电源线	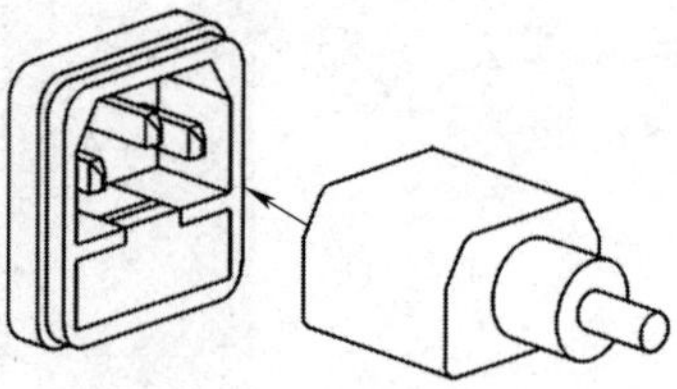
4. 按电源开关。10 s 内显示器启动	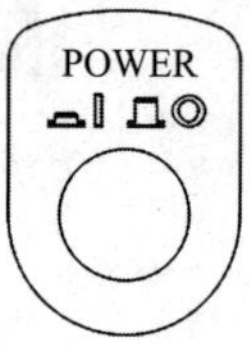 POWER
5. 通过调取出厂设置重设系统。按 Save/Recall 键,选择 Default Setup	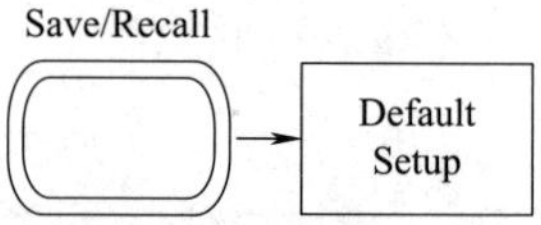 Save/Recall → Default Setup
6. 将探棒与 Channel 1 的输入端和探棒补偿信号输出端($2V_{pp}$,1 kHz 方波)相连	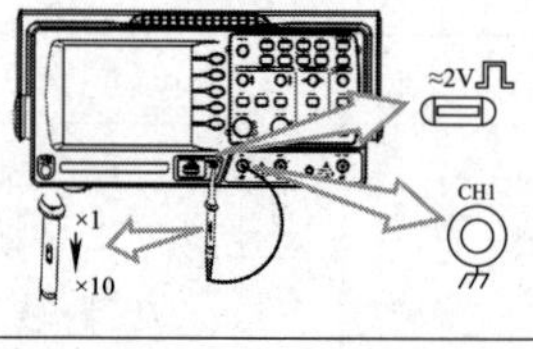 ≈2V CH1 ×1 ×10
7. 设置探棒衰减电压 ×10	
8. 按 Autoset 键。方波显示在屏幕的中心位置	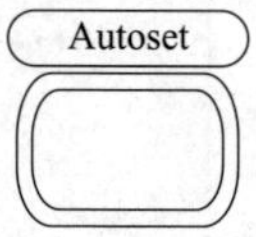 Autoset
9. 按 Display 键,选择 Type 矢量波形类型	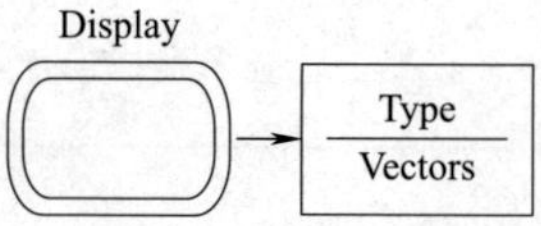 Display → Type Vectors
10. 示波器设置完成。可以继续其他操作	

④基本测量功能(40 分)。

捕获和观察输入信号时必要的基本操作如下。

- 激活通道,见表 2-6(10 分)。

表 2-6　激活通道步骤

功　　能	操　　作
激活通道	按 CH1 或 CH2 激活输入通道。通道指示灯显示在屏幕左侧,通道指示符也相应改变
关闭通道	按两次 Channel 键(如果通道处于激活状态,仅按一次)关闭通道

- 使用自动设置(10 分)。

Autoset 功能将输入信号自动调整到面板最佳视野处,自动设置步骤见表 2-7。

Autoset 设置可分为两类模式:AC 优先模式和适应屏幕模式。

AC 优先模式去除所有 DC 成分,将波形成比例显示在屏幕上。

适应屏幕模式将波形以最佳尺度显示在屏幕上,包括所有 DC 成分(偏移)。

表 2-7　自动设置步骤

步　　骤	图示或操作
1. 将输入信号连入示波器,按 Autoset 键	Autoset
2. 波形显示在屏幕中心位置	

自动设置(Autoset)功能在以下情况不适用:输入信号频率小于 2 Hz、输入信号幅值小于 30 mV。

- 改变水平位置和挡位,见表 2-8(10 分)。

表 2-8　改变水平位置和挡位步骤

功　　能	操　　作	图　　示
设置水平位置	Horizontal position 旋钮向左或向右移动波形。 位置指示符随波形移动,距中心点的偏移距离显示在屏幕上方	
选择水平挡位	旋转 TIME/DIV 旋钮改变时基(挡位);左(慢)或右(快) 范围 1 ns/Div ~ 10 s/Div,1-2.5-5 步进	TIME/DIV

- 改变垂直位置和挡位,见表 2-9(10 分)。

表 2-9 改变垂直位置和挡位步骤

功能	操作	图示
设置垂直位置	旋转各通道的 Vertical position 旋钮可以上/下移动波形。 波形移动时,光标的垂直位置显示在屏幕左下角	
选择垂直挡位	旋转 VOLTS/DIV 旋钮改变垂直挡位;左(下)或右(上)。 范围 2 mV/Div ~ 10 V/Div,1-2-5 步进屏幕左下角的各通道垂直挡位指示符也相应改变	VOLTS/DIV

任务测评

教师引导学生对任务进行分析和讨论,针对任务反映的问题,根据各组提出解决方法,作简短的点评或补充性、提高性的总结,并指导各组进行组内互评,最后完成总体评价。

组内互评表

任务名称						
小组名称						
评价标准	如任务实施所示,共 100 分					
序号	分值	组内互评(下行填写评价人姓名、学号)				平均分
1	40					
2	20					
3	40					
总分						

任务评价总表

任务名称						
小组名称						
评价标准	如任务实施所示,共 100 分					
序号	分值	自我评价(50%)			教师评价(50%)	单项总分
		自评	组内互评	平均分		
1	40					
2	20					
3	40					
总分						

任务3　使用示波器测试功能

任务解析

示波器都具有基本的测量功能，可以帮助用户进行快速的自动测试，如基本的幅值、频率、周期等参数。完成本任务，以固伟公司生产的 GDS-1000 示波器为例，学会示波器测量功能的操作方法，通过操作方法的学习了解示波器基本组成原理和多波形显示原理。熟练掌握使用示波器快速测量电信号的参数和波形的方法。

知识链接

一、通用示波器的组成

通用双踪示波器由垂直系统、水平系统、校准信号及电源组成，如图 2-17 所示。垂直系统由衰减器、前置放大、门电路电子开关及混合放大、延迟线、输出放大等电路组成。水平系统由触发电路、时基发生器、X 轴输出放大三部分组成。

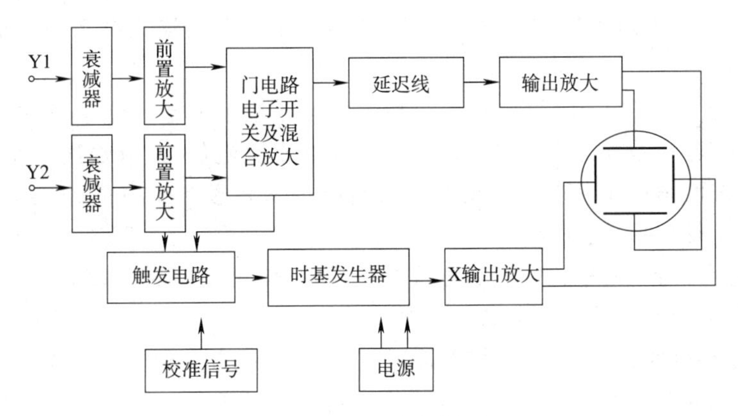

图 2-17　通用示波器框图

1. 垂直通道

示波器的垂直通道通常包括输入衰减器、Y 前置放大器、门电路与电子开关、延迟线、Y 输出放大器等部分。

（1）输入衰减器

因为示波管的偏转灵敏度是基本固定的，为扩大可观测信号的幅度范围，Y 通道要设置衰减器，它可使示波器的偏转灵敏度 D_y 在很大范围内调节。对衰减器的要求是输入阻抗高，同时在示波器的整个通频带内衰减的分压比均匀不变。要达到这个要求，仅用简单的电阻分压是达不到目的的。因为在下一级的输入及引线都存在分布电容，这个分布电容的存在，对于被测信号高频分量有严重的衰减，造成信号的高频分量的失真（脉冲上升时间变慢）。为此，必须采用图 2-18 所示的阻容补偿分压器。

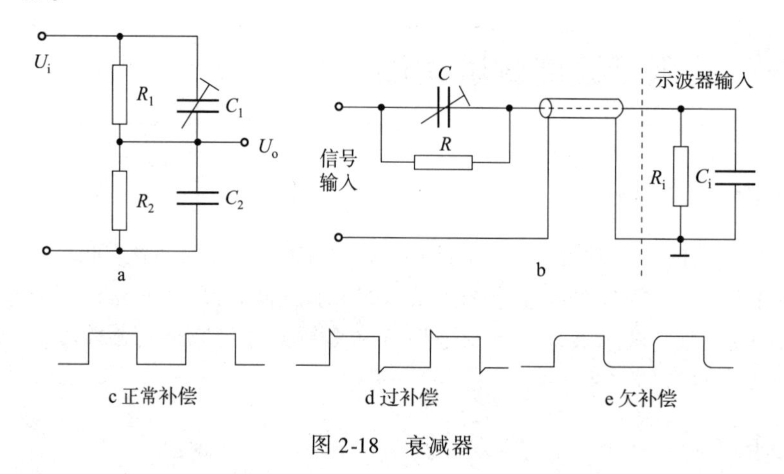

图 2-18 衰减器

(2) Y 放大器

被测信号经探头检测引入示波器后，微弱的信号必须通过放大器放大后加到示波器的垂直偏转板，使电子束有足够大的偏转能量。Y 放大器具有以下特点：

①Y 放大器具有稳定的放大倍数。

②Y 放大器应具有足够的带宽。

③具有较大的输入电阻和较小的输入电容，大多数示波器的输入电阻为 1 MΩ 左右，输入电容约为几十 pF。

④Y 放大器的输出级常采用差分电路，以使加在偏转板上的电压能够对称，差分电路还有利于提高共模抑制比，若在差分电路的输入端设置不同的直流电位，差分输出电路的两个输出端直流电位亦会改变，进而影响 Y 偏转板上的相对直流电位和波形在 Y 方向的位置。这种调节直流电位的旋钮称为“Y 轴位移”旋钮。

⑤Y 放大器通常设置“倍率”开关，通过改变负反馈，使放大器的放大倍数扩大 5 倍或 10 倍，以利于观测微弱信号或看清波形某个局部的细节。

⑥设置增益调整旋钮，可使放大器增益连续改变，此旋钮右旋到极限位置时，示波器灵敏度为“校准”状态。此时，可用面板上的灵敏度标注值读测信号幅度。

(3) 延迟线

在触发扫描状态，只有当被观察的信号到来时扫描发生器才工作，也就是说开始扫描需要一定的电平，因此扫描开始时间总是滞后于被测脉冲起点。其结果，脉冲信号的上升过程就无法完整地显示出来。延迟线的作用就是把加到垂直偏转板的脉冲信号也延迟一段时间，使信号出现的时间滞后于扫描开始时间，这样就能够保证在屏幕上可以观察到包括上升时间在内的脉冲全过程。

对延迟线的要求是，它只起延迟时间的作用，而脉冲通过它时不能产生失真。目前延迟线有分布参数和集中参数两种，前者可采用螺旋平衡式延迟电缆。延迟线的延迟时间通常为 50 ~ 200 ns。

2. 水平通道

示波器的水平通道主要由触发电路、时基发生器和 X 放大器组成。其中时基发生器和触发电路用来产生时基扫描信号，X 放大器用来放大扫描信号，如图 2-19 所示。

(1)时基发生器

时基发生器由扫描门、积分器、比较和释抑电路组成。

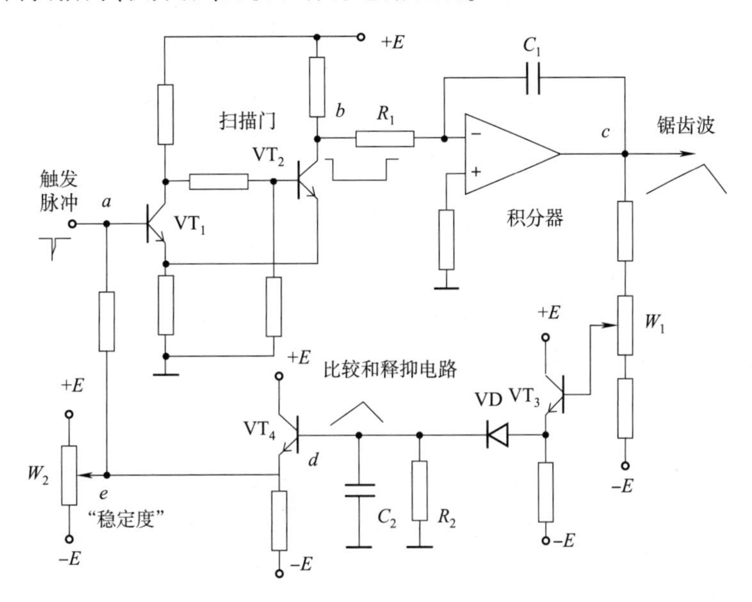

图 2-19 时基发生器电路

(2)触发电路

触发电路用来产生扫描门需要的触发脉冲,触发脉冲的幅度和波形均应达成一定的要求。触发电路及其在面板上的对应开关如图 2-20 所示。

在触发电路中,由比较整形电路把触发信号加以整形,产生达到一定要求的触发脉冲,例如 SBM-10A 示波器中此脉冲幅度为 3 V、脉宽为 30 ns。

触发比较电路常采用双端输入的差分电路,其中一个输入端接被测信号,另一个输入端接一个可调的直流电压,在比较点电路状态发生突变形成比较方波,此方波经微分整形电路产生触发脉冲送扫描门电路,由负脉冲触发扫描。

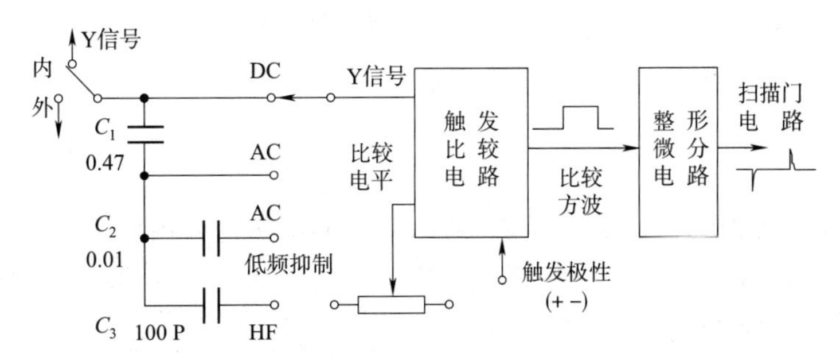

图 2-20 触发控制电路

①触发极性与触发电平控制。

触发极性为“+”时,比较方波下降沿对应 Y 信号的上升过程,由于下降沿对应的负脉冲启动扫描,所以扫描起点也就对应了信号的上升过程。此时调整“电平”电位器,可以改变比较点,将扫描起点调整到一个确定的相位上。

触发极性为"－"时,比较方波下降沿对应Y信号的下降过程,扫描起点也就对应了信号的下降过程。此时调整"电平"电位器,可将扫描起点调整到一个确定的相位上。对应波形如图2-21所示。

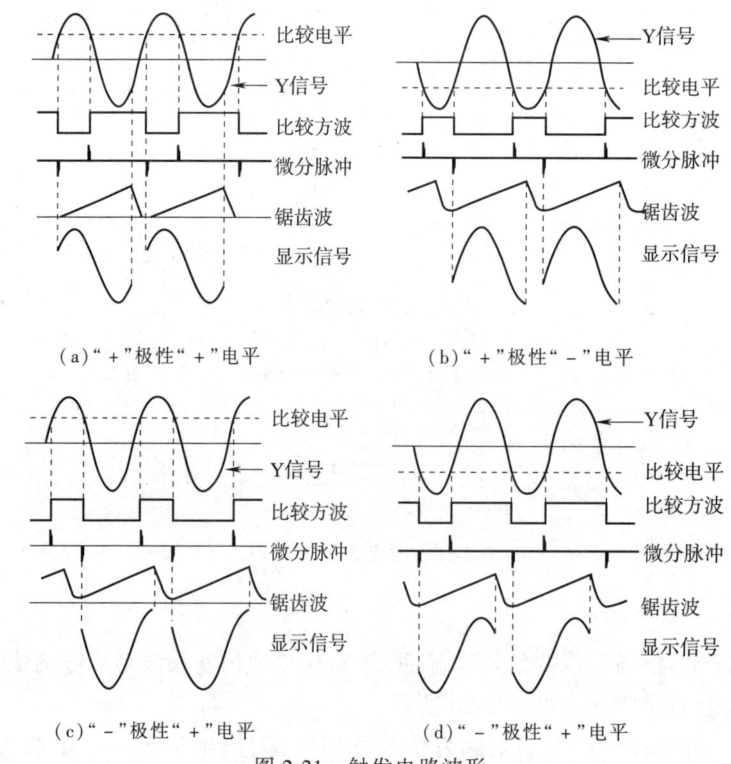

图2-21　触发电路波形

②耦合方式控制。

耦合方式开关为触发信号提供了不同的接入方式。若触发信号中含有直流或缓慢变化的交流分量,应用直流耦合(DC)方式;若用交流信号触发,则置交流耦合(AC)方式,这时使用电容起隔直流作用;AC低频抑制方式利用串联后的电容,抑制信号中大约2 kHz以下的低频成分,主要目的是滤除信号中的低频干扰;HF是高频耦合方式,电容串联后只允许通过频率很高的信号,这种方式常用来观测5 MHz以上的高频信号。

3. X放大器

与Y放大器类似,X放大器也是一个双端输入双端输出的差分放大器,改变X放大器的增益可以使光迹在水平方向得到若干倍扩展,或对扫描速度进行微调,以校准扫描速度。改变X放大器有关的直流电位也可使光迹产生水平位移。

二、示波器的多波形显示

在电子测量中,常常需要同时观测几个信号,并对这些信号进行测量和比较,实现的方法有多线示波和多踪示波。多踪示波器的组成与普通的示波器类似,是在单线示波器的基础上增加了电子开关而形成的,电子开关按分时复用的原理,分别把多个垂直通道的信号轮流接到Y偏转板上,最终实现多个波形的同时显示。多踪示波器实现简单，成本也低，因而得到了广泛应用，它的工作波形如图 2-22 所示。

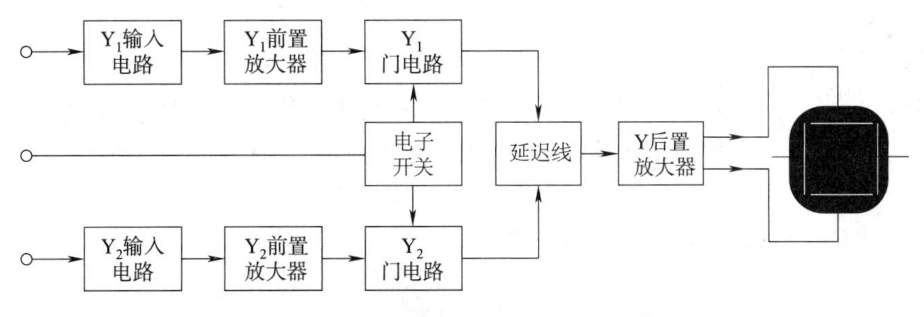

图 2-22 双踪示波器组成及波形图

两个被测的信号是同时但分别加到两个前置放大器。因此，只要 Y_1、Y_2 两信号已接入示波器的输入，则在 Y_1、Y_2 两门的输入端就始终存在 Y_1、Y_2 两个信号。而在示波管屏幕上是否显示该波形，取决于两门的开关状态。根据两个门的开关状态，示波器可有以下 3 种工作方式。

1. 只有一个门开

如 Y_1门开 Y_2 门关，或 Y_2 门开 Y_1门关。此时与单踪示波器无异，只显示一个信号波形（如 Y_1门开只显示 Y_1信号；如 Y_2 门开只显示 Y_2 信号）。

2. 两个门全开

此时由于 Y_1、Y_2 两个信号都被送到 Y 偏转板，因此显示的是两个信号的线性叠加波形。

3. 两个门轮流开关

此时 Y_1、Y_2 两门按一定转换频率轮流开关，因而 Y_1、Y_2 两个信号将按时段显示出来，形成双踪显示。

在以上第 3 种工作方式时，电子开关将输出两个反相的开关信号，分别送至 Y_1 门与 Y_2 门，这将使两个门始终处于一个门开则另一个门关的状态。当两个开关信号的转换门受控信号（即扫描闸门的输出信号）控制时，称为交替显示。

由图 2-23 可以看出，交替显示是在相邻的两个扫描期，分别地描绘 Y_1、Y_2 信号。显然，在第 1，3，…各次扫描时，光点描绘 Y_1信号波形；而在第 2，4，…各次扫描时，光点描绘 Y_2 信号波形。若将两波形垂直位置分开（可分别调节两个通道的垂直移位），显示如图 2-23 所示。

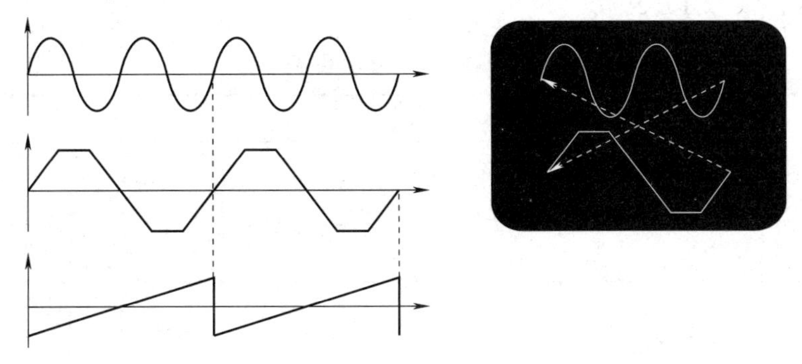

图 2-23 双踪示波器显示波形示意图

虽然光点并没有同时描绘 Y_1、Y_2 两个波形，但是每个波形都被重复描绘，只要信号频率足够高（数百赫兹以上），由于荧光屏的余辉作用，从屏幕上看到的波形是同时显示的。

任务实施

本任务建议分组完成，每组 4 ~ 5 人（包括组长 1 人），组内成员分别独自完成知识链接相关知识的学习，组长根据成员的学习情况进行分工，各成员根据分工通过分头查阅资料，参加小组讨论，完成相应的工作。

①学习相关知识，分解任务，进行小组分工。

任务分工表

<table>
<tr><td>任务名称</td><td colspan="4"></td></tr>
<tr><td>小组名称</td><td colspan="2"></td><td>组长</td><td></td></tr>
<tr><td rowspan="5">小组成员</td><td>姓名</td><td></td><td>学号</td><td></td></tr>
<tr><td>姓名</td><td></td><td>学号</td><td></td></tr>
<tr><td>姓名</td><td></td><td>学号</td><td></td></tr>
<tr><td>姓名</td><td></td><td>学号</td><td></td></tr>
<tr><td>姓名</td><td></td><td>学号</td><td></td></tr>
<tr><td rowspan="6">小组分工</td><td>姓名</td><td colspan="3">完成任务</td></tr>
<tr><td></td><td colspan="3"></td></tr>
<tr><td></td><td colspan="3"></td></tr>
<tr><td></td><td colspan="3"></td></tr>
<tr><td></td><td colspan="3"></td></tr>
<tr><td></td><td colspan="3"></td></tr>
</table>

②示波器测试功能的使用方法。

- 自动测量（50 分）。

自动测量功能测量输入信号的属性，并将结果显示在屏幕上。最多同时更新 5 组自动测量项目。如有必要，所有自动测量类型都可以显示在屏幕上。

a. 测量项目，见表 2-10（25 分）。

表 2-10 测量项目表

测量类别	测量项目	图　示
电压测量项	V_{pp} 正向与负向峰值电压之差（$= V_{max} - V_{min}$）	
	V_{max} 正向峰值电压	

续上表

测量类别	测量项目	图　示
电压测量项	V_{min} 负向峰值电压	
	V_{amp} 整体最高与最低电压之差($=V_{hi}-V_{lo}$)	
	V_{hi} 整体最高电压	
	V_{lo} 整体最低电压	
时间测量项	Freq 波形频率	1
	Period 波形周期(=1/Freq)	
	Risetime 脉冲上升时间(~90%)	
	Falltime 脉冲下降时间(~10%)	
	+Width 正向脉冲宽度	
	-Width 负向脉冲宽度	
	Duty Cycle 信号脉宽与整个周期的比值 = 100 × (Pulse Width/Cycle)	

b. 自动测量操作步骤,见表 2-11(25 分)。

表 2-11　自动测量步骤表

步　　骤	图　　示
1. 按 Measure 键	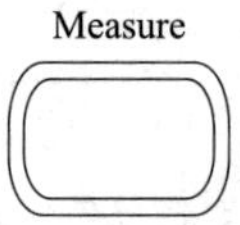 Measure
2. 右侧菜单栏显示并持续更新测量结果。共可以指定 5 组测量项(F1 ~ F5)	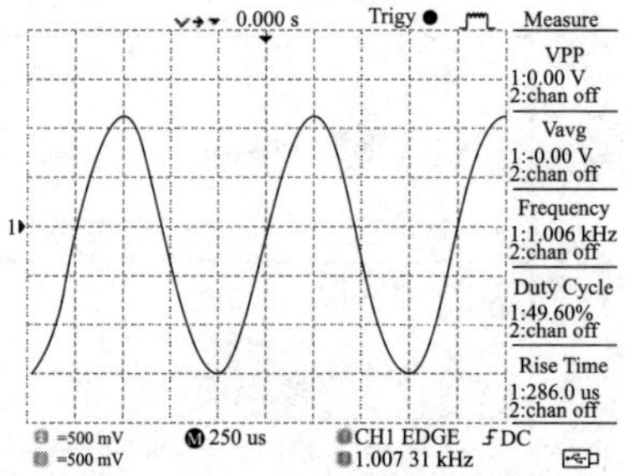 0.000 s Trigy Measure VPP 1:0.00 V 2:chan off Vavg 1:-0.00 V 2:chan off Frequency 1:1.006 kHz 2:chan off Duty Cycle 1:49.60% 2:chan off Rise Time 1:286.0 us 2:chan off =500 mV =500 mV 250 us CH1 EDGE DC 1.007 31 kHz
3. 按相应菜单键(F1 ~ F5)选择需要编辑的测量项	 Voltage Vpp
4. 显示编辑菜单	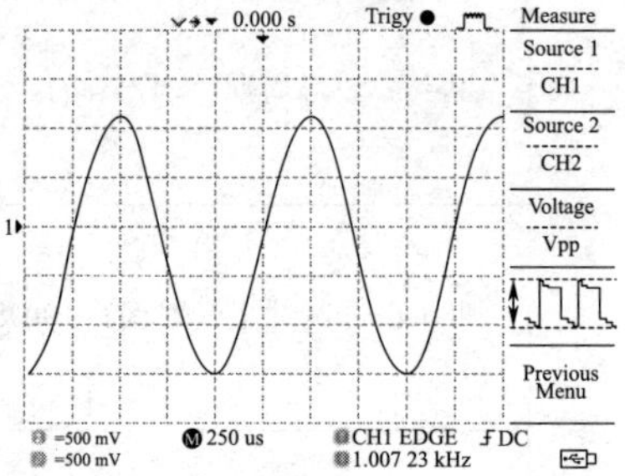 0.000 s Trigy Measure Source 1 CH1 Source 2 CH2 Voltage Vpp Previous Menu =500 mV =500 mV 250 us CH1 EDGE DC 1.007 23 kHz
5. 使用 Variable 旋钮选择其他测量项	 VARIABLE
6. 重复按 Source 1,选择 CH1、CH2 或 MATH 作为信号发生器	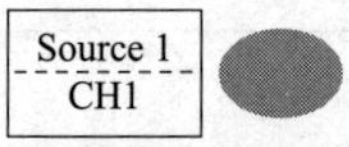 Source 1 CH1
7. 重复按 Source 2 改变 Source 2 的通道	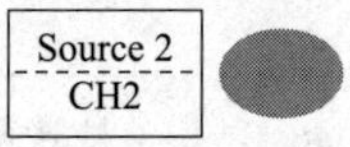 Source 2 CH2
8. 按 F3 查看全部测量项	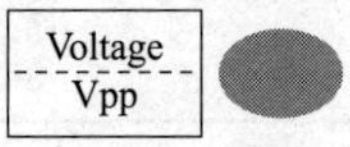 Voltage Vpp

续上表

步　　骤	图　　示
9. 所有测量项显示在屏幕中心位置	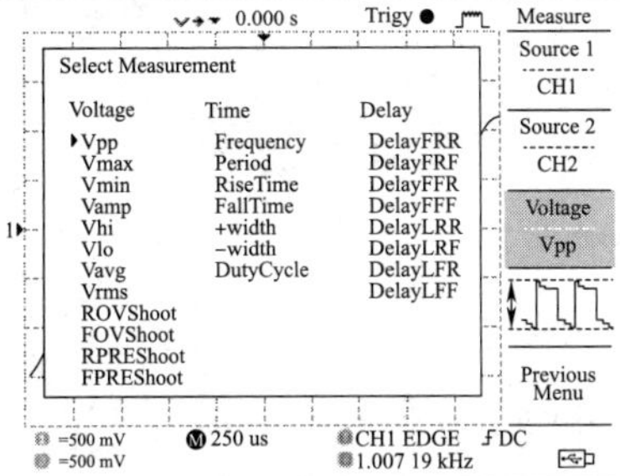 Select Measurement Voltage: Vpp, Vmax, Vmin, Vamp, Vhi, Vlo, Vavg, Vrms, ROVShoot, FOVShoot, RPREShoot, FPREShoot Time: Frequency, Period, RiseTime, FallTime, +width, −width, DutyCycle Delay: DelayFRR, DelayFRF, DelayFFR, DelayFFF, DelayLRR, DelayLRF, DelayLFR, DelayLFF Measure / Source 1 CH1 / Source 2 CH2 / Voltage Vpp / Previous Menu 0.000 s　Trig●　=500 mV　=500 mV　250 us　CH1 EDGE　DC　1.007 19 kHz
10. 再按 F3 返回	
11. 按 Previous Menu 确认选项，并返回测量结果	 Previous Menu

- 光标测量(50 分)。

水平或垂直光标线显示输入波形或数学运算结果的精确位置。水平光标显示时间、电压和频率，垂直光标显示电压。所有测量实时更新。

a. 使用水平光标，见表 2-12(25 分)。

表 2-12　水平光标测量步骤表

步　　骤	图　　示
1. 按 Cursor 键。屏幕显示光标线	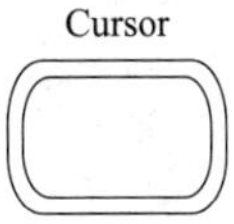 Cursor
2. 按 X ↔ Y 选择水平(X1&X2)光标	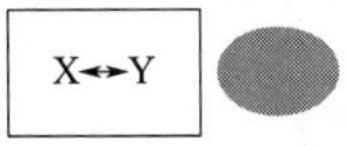 X↔Y
3. 重复按 Source 选择信号发生器通道范围 CH1,2, MATH	 Source CH1
4. 光标测量结果显示在菜单上	
5. 按 X1，使用 Variable 旋钮移动左光标	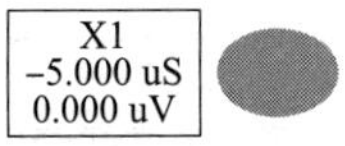 X1 −5.000 uS 0.000 uV
6. 按 X2，使用 Variable 旋钮移动右光标	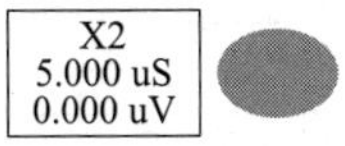 X2 5.000 uS 0.000 uV
7. 按 X1X2，使用 Variable 旋钮同时移动两边光标	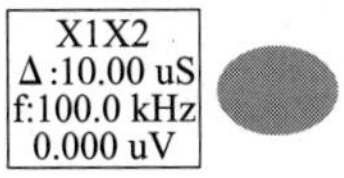 X1X2 Δ:10.00 uS f:100.0 kHz 0.000 uV
8. 按 Cursor 键消除屏幕上的光标	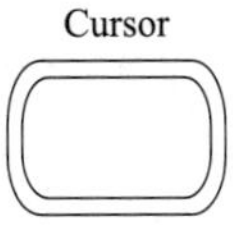 Cursor

b. 使用垂直光标,见表2-13(25分)。

表2-13　垂直光标测量步骤表

功　　能	图　　示
1. 按 Cursor 键	Cursor
2. 按 *X* ↔ *Y* 选择垂直(Y1&Y2)光标	X↔Y
3. 重复按 Source 选择信号发生器通道范围 CH1,2,MATH	Source CH1
4. 光标测量结果显示在菜单上	
5. 按 Y1,使用 Variable 旋钮移动上光标	Y1 123.4 mV
6. 按 Y2,使用 Variable 旋钮移动下光标	Y2 12.9 mV
7. 按 Y1Y2,使用 Variable 旋钮同时移动上下光标	Y1Y2 10.5 mV
8. 按 Cursor 键消除屏幕上的光标	Cursor

任务测评

教师引导学生对任务进行分析和讨论,针对任务反映的问题,根据各组提出解决方法,作简短的点评或补充性、提高性的总结,并指导各组进行组内互评,最后完成总体评价。

组内互评表

任务名称						
小组名称						
评价标准	如任务实施所示,共100分					
序号	分值	组内互评(下行填写评价人姓名、学号)				平均分
1	50					
2	50					
总　　分						

任务评价总表

任务名称						
小组名称						
评价标准	如任务实施所示,共100分					
序号	分值	自我评价(50%)			教师评价(50%)	单项总分
		自评	组内互评	平均分		
1	50					
2	50					
总　分						

任务4 使用示波器触发、*X-Y*模式和存储功能

任务解析

示波器除基本的测量功能,还具有触发、*X-Y*模式和存储功能,通过这些功能可以帮助用户进行波形的抓取、频率和相位测试、测试结果的存储。完成本任务,以固伟公司生产的GDS-1000示波器为例,学习示波器触发、*X-Y*模式和存储功能的操作方法,了解数字存储示波器基本原理,达到能够熟练使用示波器测量和存储电信号的参数和波形。

知识链接

一、触发扫描

示波器中,在不加被测信号的情况下,扫描电路亦可独立地产生周期性的锯齿波扫描电压。这种扫描方式称为连续扫描。连续扫描时,产生扫描电压的扫描发生器,处于自激振荡状态,因而始终有周期性的锯齿波产生。由于始终有锯齿波加到X偏转板,因此,连续扫描的重要特征是,不加被测信号时,仍有扫描线显示。

采用连续扫描方式观察正弦波时,可将被测信号作为触发信号去控制扫描电压。从而可保证$T_n=nT_s$。此时,通过改变扫描电压的频率(即改变T_n),容易实现在屏幕上显示一个(或多个)周期的正弦波。这时显示的波形是清晰、稳定的,想要观察波形的细节不存在问题。

当观测占空比(τ/T_s)很小的脉冲信号时,使用连续扫描就不能正常观测信号,如图2-24所示。

若选择扫描周期等于信号周期($T_n=T_s$),脉冲信号被按比例压缩到屏幕左端,无法观测脉冲波形的细节(上升时间、下降时间、脉冲宽度等),如图2-25所示。

若选择扫描周期等于脉冲宽度($T_n=\tau$),在一个脉冲周期内,光点在水平方向进行多次扫描,其中只有一次是扫描脉冲信号,其他多次扫描只在水平基线上往返运动,结果在屏幕上显示的脉冲波形本身非常暗淡,而时间基线却很明亮,无法正常观测,如图2-26所示。

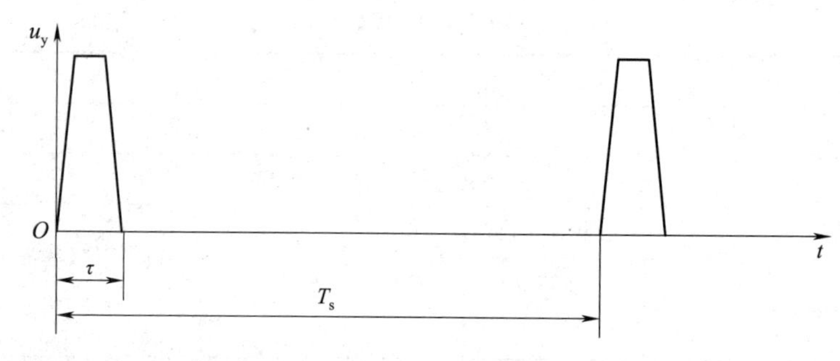

图 2-24 占空比(τ/T_s)很小的脉冲信号

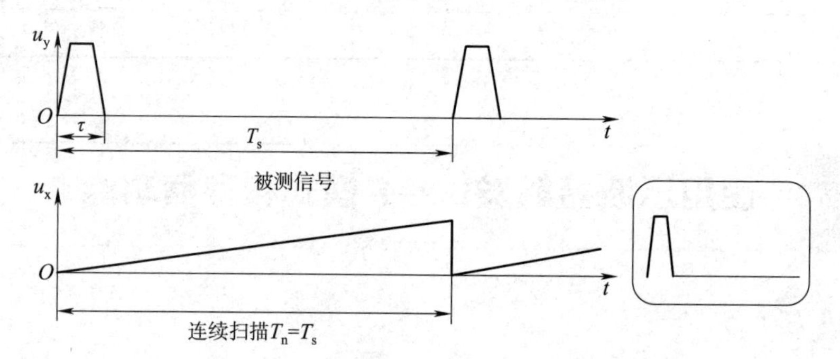

图 2-25 扫描周期等于信号周期($T_n = T_s$)

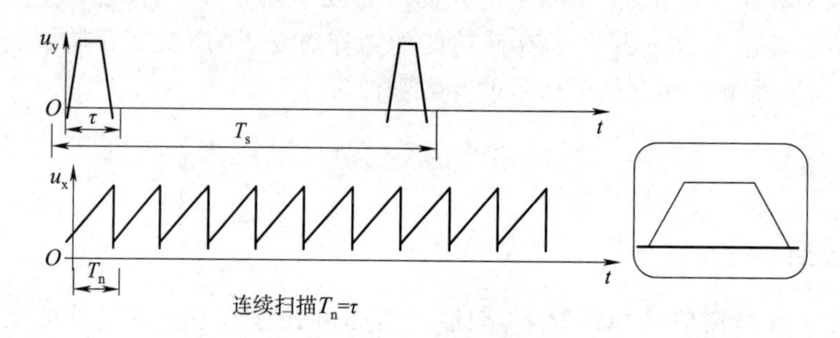

图 2-26 扫描周期等于脉冲宽度($T_n = \tau$)

利用触发扫描可解决上述脉冲示波器测量的困难。触发扫描的特点是,只有在被测脉冲到来时才形成一次扫描,如图 2-27 所示。

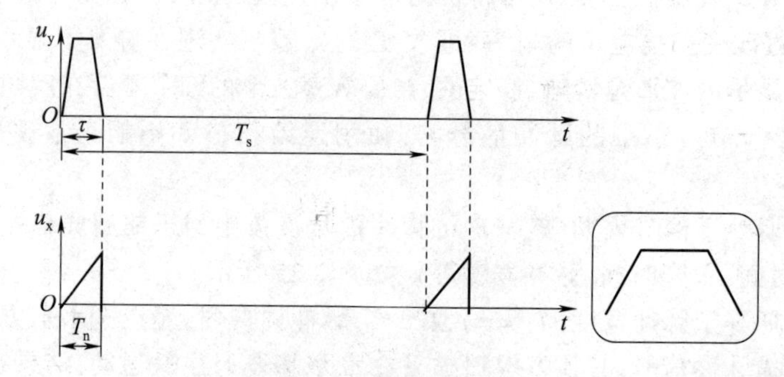

图 2-27 触发扫描 T_n = て

二、数字存储示波器

数字存储示波器先将输入信号进行 A/D 变换,将模拟波形变成离散的数字信息,存储在存储器中,需要显示时,再从存储器中读出,通过 D/A 变换器,将数字信息变换成模拟波形显示在示波管上。

1. 数字存储示波器的工作原理

数字存储示波器的组成如图 2-28 所示。输入的被测信号通过 A/D 变换器变成数字信号,由地址计数脉冲选通存储器的存储地址,将该数字信号存入存储器,存储器中的信息每 256 个单元组成一页,当显示信息时,给出页面地址,地址计数器则从该页面的 0 号单元开始,读出数字信息,送到 D/A 变换器,变换成模拟信号送往垂直放大器进行显示,同时,地址信号经过 X 方向 D/A 变换器,送入水平放大器,以控制 Y 信号显示的水平位置。

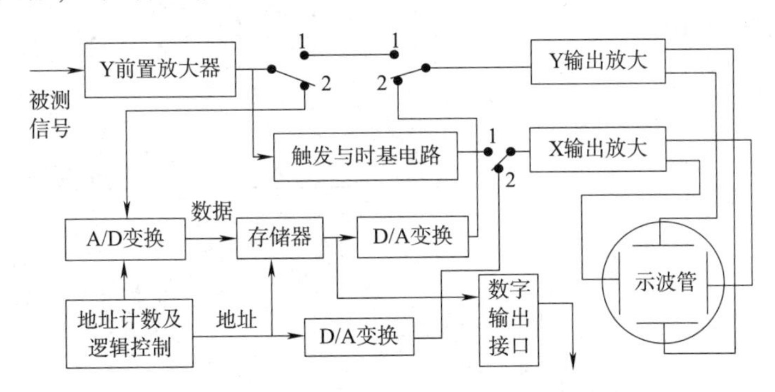

图 2-28 数字存储示波器组成框图

存储示波器的工作波形如图 2-29 所示。当被测信号接入时,首先对摸拟量进行采样,图 2-29(a)中的($a_0 \sim a_7$点即对应于被测信号 U_y的 8 个采样点,这种采样是“实时采样”,是对一个周期内信号不同点的采样,8 个采样点得到的数字量分别存储于地址为 00 开始的 8 个存储单元中,地址号为 00 ~ 07,其存储的内容为 $D_0 \sim D_7$,在显示时,取出 $D_0 \sim D_7$数据,进行 D/A 变换,同时存储单元地址号从 00 ~ 07 也经过 D/A 变换,形成图 2-29(d)所示阶梯波,加到水平系统,控制扫描电压,这样就将被测波形 U_y重现于荧光屏上,如图 2-29(e)所示,只要 X 方向和 Y 方向的量化程度足够精细,图 2-29(e)波形就能够准确地代表图 2-29(a)的波形。

2. 数字存储示波器的特点

与模拟存储示波器(记忆示波器)相比,数字存储示波器具有以下优点。

①可以永久存储信息,可以反复读出这些数据,反复在荧光屏上再现波形信息,迹线既不会衰减也不会模糊。

②由于信息是在存储器中存储,而不是记忆在示波器的栅网上,所以它是动态的而不是静态的,即更新存储器内容,就改变所存储的波形,在完成了波形的记录、显示、分析之后,即可更新存储器内容。

③既能观测触发后的信息,也能观测触发前的信息。因为用户可根据需要调用存储器中信息进行显示,所以,数字存储示波器的触发点只是一个参考点,而不是获取的第一个数据点。因而它可以用来检修故障,记录故障发生前后的情况。

④随着数字电路及大规模集成电路技术的发展,数字存储示波器的功能越来越多,价格越来

越低,加之,其体积小、质量小,所以,使用越来越普及。

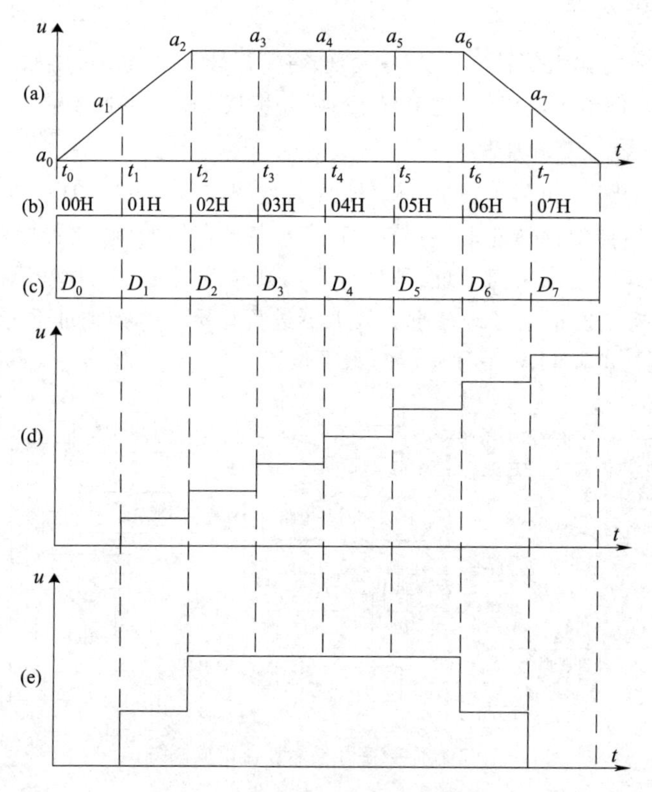

图 2-29 数字存储示波器工作波形图

数字存储示波器的迅猛发展与新的数据采样技术的发展密切相关,实时采样技术和非实时采样技术以及 CCD 技术(电荷耦合器件)的运用,使变换速率大大提高。例如美国 Tek 公司的 2430 型数字存储示波器,采用“实时采样”和“顺序采样”相结合的办法,可达到 150 MHz 的带宽。HP 公司的 5410 型示波器采用“随机采样”技术,使有效带宽达到 1 GHz。Philips 公司的 PM3311 型示波器可存储 30 MHz 的单次瞬变信号。

3. 数字存储示波器的主要技术指标

数字存储示波器中与波形显示部分有关的技术指标与模拟示波器相似,下面仅讨论与波形存储部分有关的主要技术指标。

(1)最高采样速率

最高采样速率指单位时间内采样的次数,又称数字化速率,用每秒完成的 A/D 转换的最高次数来衡量,常以频率 f_s 来表示。采样速率越高,反映仪器捕捉高频或快速信号的能力越强。采样速率主要由 A/D 转换速率来决定。

数字存储示波器在测量时刻的实时采样速率可根据测量时所设定的扫描因数(即扫描一格所用的时间)来计算。其计算公式为

$$f_s = \frac{N}{t/\text{div}} \tag{2-4}$$

式中,N 为每格的采样点数;t/div 为扫描因数。

例如，当扫描因数为 10 μs/div，每格采样点数为 100 时，则采样速率 f_s 为 10 MHz，即相邻采样点之间的时间间隔（等于采样周期）为 10 μs/100 = 0.1 μs。

（2）存储带宽 B

存储带宽与采样速率 f_s 密切相关。根据采样定理，如果采样速率大于或等于信号频率的 2 倍，便可重现原信号。实际上，为保证显示波形的分辨率，往往要求增加更多的采样点，一般取 N = 4 ~ 10 倍或更多，即存储带宽为

$$B = \frac{f_s}{N} \tag{2-5}$$

（3）存储容量

存储容量又称记录长度，它由采集存储器（主存储器）的最大存储容量来表示，常以字（Word）为单位。数字存储器常采用 256 B、512 B、1 KB、4 KB 等容量的高速半导体存储器。

（4）读出速度

读出速度是指将数据从存储器中读出的速度，常用"时间/div"来表示。其中，"时间"为屏幕上每格内对应的存储容量 × 读脉冲周期。使用中应根据显示器、记录装置或打印机等对速度的要求进行选择。

（5）分辨率

分辨率指示波器能分辨的最小电压增量，即量化的最小单元。它包括垂直分辨率（电压分辨率）和水平分辨率（时间分辨率）。垂直分辨率与 A/D 转换器的分辨率相对应，常以屏幕每格的分级数（级/div）或百分数来表示。水平分辨率由采样速率和存储器的容量决定，常以屏幕每格含多少个采样点或用百分数来表示。采样速率决定了两个点之间的时间间隔，存储容量决定了一屏内包含的点数。一般示波管屏幕上的坐标刻度为 8 × 10 div（即屏幕垂直显格为 8 格，水平显格为 10 格）。如果采用 8 位 A/D 转换器（256 级），则垂直分辨率表示为 32 级/div，或用百分数来表示为 1/256 ≈ 0.39%；如果采用容量为 1 KB（1 024 B）的 RAM，则水平分辨率为 1 024/10 ≈ 100 点/div，或用百分数来表示为 1/1 024 ≈ 0.1%。

任务实施

本任务建议分组完成，每组 4 ~ 5 人（包括组长 1 人），组内成员分别独自完成知识链接相关知识的学习，组长根据成员的学习情况进行分工，各成员根据分工通过分头查阅资料，参加小组讨论，完成相应的工作。

①学习相关知识，分解任务，进行小组分工。

任务分工表

任务名称				
小组名称			组长	
小组成员	姓名		学号	
	姓名		学号	
	姓名		学号	
	姓名		学号	
	姓名		学号	

	姓名	完成任务
小组分工		

②示波器触发、X-Y 模式和存储功能的使用。

微课

电子示波器触发系统的使用

- 触发功能使用(30 分)。

a. 触发类型,见表 2-14(5 分)。

表 2-14 触发类型表

类 型	功 能
边沿	当信号以正向或负向斜率通过某个幅度值时,边沿触发发生
视频	从视频格式信号中提取一个同步脉冲,并在指定视频行或场触发
脉冲	当信号的脉冲宽度与触发设置匹配时,触发发生

b. 触发模式,见表 2-15(10 分)。

表 2-15 触发模式表

模 式	功 能	图 示
自动	无论触发条件如何,示波器更新输入信号(如果没有触发事件,示波器产生一个内部触发)。这种模式尤其适合在低时基情况下观察滚动波形。 屏幕右上角显示自动触发状态	Auto● Trigger Type Edge
单次	触发事件发生时,示波器捕获一次波形,然后停止。每按一次 Single 键获取一次波形。 屏幕右上角显示单次触发状态	SINGLE (Searching) Trig?○ Trigger (Triggered) Stop● Trigger
正常	仅当触发事件发生时,示波器才获取和更新输入信号。 屏幕右上角显示正常触发状态	(Searching) Trig?○ Trigger (Triggered) Trig'd● Trigger

c. 脉冲条件(5 分)。

>大于;=等于;<小于;≠不等于。

触发斜率:

_╱上升沿触发;╲_下降沿触发。

d. 设置边沿触发,见表 2-16(10 分)。

表 2-16　边沿触发设置步骤表

步　　骤	图　　示
1. 按 Trigger menu 键	MENU
2. 重复按 Type 键选择边沿触发	Type Edge
3. 重复按 Source 键选择触发源。 范围:Channel 1,2,Line,Ext	Source CH1
4. 重复按 Mode 键选择自动或正常触发模式。按 Single 键选择单次触发模式 范围:自动,正常	Mode Auto SINGLE
5. 按 Slope/coupling 键进入触发斜率和耦合选项菜单	Slope Coupling
6. 重复按 Slope 键选择触发斜率,上升或下降沿。 范围:上升沿,下降沿	Slope
7. 重复按 Coupling 键选择触发耦合,DC 或 AC 范围:DC,AC	Coupling AC
8. 按 Rejection 键选择频率抑制模式。 范围:LF,HF,Off	Rejection Off
9. 按 Noise Rej 键启动或关闭噪声抑制。 范围:On,Off	Noise Rej Off
10. 按 Previous menu 键返回上级菜单	Previous Menu

- *X-Y* 模式操作方法(20 分)。

电子示波器波形存储和*X-Y*扫描系统的使用

X-Y 模式将通道 1 和 2 的波形电压显示在同一画面上,有利于观察两个波形的相位关系。

表 2-17　*X-Y* 模式设置步骤表

步　　骤	图　　示
1. 将信号与 Channel 1 (*X*-轴)和 Channel 2 (*Y*-轴)相连	CH 1 X 1 MΩ//15 pF 300 V CAT Ⅱ MAX.300 Vpk CH 2 Y

续上表

步骤	图示
2. 确保 Channel 1 和 2 已激活	CH 1　CH 2
3. 按 Horizontal 键	MENU
4. 按 XY 键,屏幕以 *X-Y* 格式显示两个波形;Channel 1 为 *X*-轴,Channel 2 为 *Y*-轴	XY
调整 *X-Y* 模式波形	水平位置 CH1 Position 旋钮 水平挡位 CH1 Volts/Div 旋钮 垂直位置 CH2 Position 旋钮 垂直挡位 CH2 Volts/Div 旋钮

例如

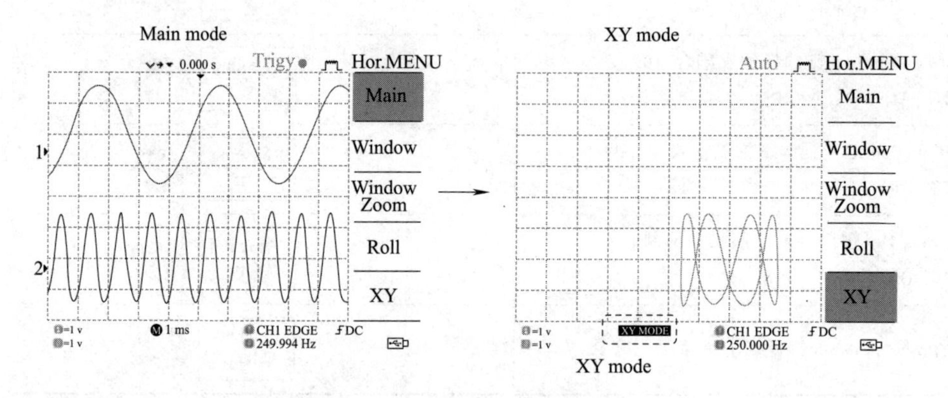

- 存储功能操作方法(50 分)。

存储功能将屏幕图像、波形数据和面板设置保存到示波器的内存或前面板 USB 接口。调取功能从示波器的内存或 USB 中调取默认出厂设置、波形数据和面板设置。

a. 文件结构(5 分):

显示图像文件格式

格式××××. bmp (Windows 位图格式);

内容 234 像素×320 像素,彩色模式。背景颜色可以反转(省墨功能)。

b. 波形文件格式(5 分):

格式××××. csv (表格处理软件可以打开的逗号分隔值格式,如 Microsoft Excel)文件保存为两种不同的 CSV 格式。

c. 存储位置，见表 2-18（10 分）。

表 2-18　文件存储位置表

存储位置	说　　明
内存	示波器的内部存储器，可存储 15 组波形
外部 USB 闪存盘	USB 闪存盘（FAT 或 FAT32 格式）几乎可以无限制存储波形
Ref A，B	两组参考波形可以视为调取缓冲器。在调取参考波形前，必须先将波形存储在内存或 USB 中，然后复制到存放参考波形的 A 或 B 位置
波形记录长度	打开两通道时，记录长度为 1 M 点，仅使用一个通道，记录长度为 2 M 点。只有当输入信号被触发，且按 Stop 或 Single 键之后，最大记录长度才有效。由于采样率的限制，在某些情况下屏幕并不能显示所有的点，可能由以下原因引起：信号未被触发、时基太快

d. 操作步骤，见表 2-19（10 分）。

表 2-19　操作步骤表

步　　骤	图　　示
1. 将 USB 闪存盘插入前面板 USB 接口	
2. 按 Save/Recall 键。选择任意保存或调取功能。例如 Save image 功能的 USB Destination	Save/Recall (Example) Save Image Destination USB
3. 按 File Utilities 键。屏幕显示 USB 闪存盘内容	File Utilities
4. 使用 Variable 旋钮移动光标。按 Select 键进入文件夹或返回上级目录	VARIABLE Select

e. 新建文件夹/重命名文件或文件夹，见表 2-20（10 分）。

表 2-20　新建文件夹/重命名文件或文件夹操作步骤表

步　　骤	图　　示
1. 将光标移至文件或文件夹位置，按 New Folder 或 Rename 键。屏幕显示文件/文件夹名称和字符表	New Folder Rename
2. 使用 Variable 旋钮，将指针移至字符处。按 EnterCharacter 键添加一个字符或按 Back Space 键删除一个字符	VARIABLE Enter Character Back Space
3. 编辑完成后，按 Save 键保存新/重命名文件或文件夹	Save

f. 删除文件夹或文件，见表 2-21(10 分)。

表 2-21　删除文件夹或文件操作步骤表

步　　骤	图　　示
1. 将光标移至文件夹或文件位置，按 Delete 键。屏幕底部显示“Press F4 again to confirm this process”信息	Delete
2. 再按 Delete 键确认删除。按其他键取消删除	Delete

任务测评

教师引导学生对任务进行分析和讨论，针对任务反映的问题，根据各组提出解决方法，作简短的点评或补充性、提高性的总结，并指导各组进行组内互评，最后完成总体评价。

组内互评表

<table>
<tr><td colspan="2">任务名称</td><td colspan="5"></td></tr>
<tr><td colspan="2">小组名称</td><td colspan="5"></td></tr>
<tr><td colspan="2">评价标准</td><td colspan="5">如任务实施所示，共 100 分</td></tr>
<tr><td rowspan="2">序号</td><td rowspan="2">分值</td><td colspan="4">组内互评(下行填写评价人姓名、学号)</td><td rowspan="2">平均分</td></tr>
<tr><td></td><td></td><td></td><td></td></tr>
<tr><td>1</td><td>30</td><td></td><td></td><td></td><td></td><td></td></tr>
<tr><td>2</td><td>20</td><td></td><td></td><td></td><td></td><td></td></tr>
<tr><td>3</td><td>50</td><td></td><td></td><td></td><td></td><td></td></tr>
<tr><td colspan="6">总　　分</td><td></td></tr>
</table>

任务评价总表

任务名称						
小组名称						
评价标准	如任务实施所示,共100分					
序号	分值	自我评价(50%)			教师评价(50%)	单项总分
		自评	组内互评	平均分		
1	30					
2	20					
3	50					
总　　分						

项目总结

本项目主要介绍了示波器的作用和基本组成、主要技术指标及其含义、示波器和数字存储示波器的组成、示波器的使用方法等内容。通过本项目任务的操作,掌握根据工作任务的要求合理选择示波器、熟练使用示波器的测试功能、触发功能、X-Y显示功能和存储功能的能力。

项目实训

实训1:示波器基本功能使用

每组同学使用信号发生器产生任选5个不同频率(f)、峰峰值(V_{pp})的正弦波形,使用示波器的垂直通道和水平通道旋钮、按钮测试这5个信号V_{pp}和f。测试结果填入测试记录中。

测试记录

测试人员							
仪器设备							
测试时间			测试地点				
温度			湿度				
序号	垂直通道挡位	测试的格数	V_{pp}	水平通道挡位	测试的格数	T	f

注意:

仪器设备安全使用,保护人身和设备安全。

测试过程准确、高效。

测试数据的读取和计算,修约间隔 10^{0},中间计算过程的数据处理。

测试结果是由数值和单位组成,单位的填写。

实训 2:使用示波器测试功能

每组同学使用信号发生器产生任选 5 个不同频率(f)、峰峰值(V_{pp})的方波波形接入 CH2、CH1 接探头元件,显示不同频率和峰峰值的波形,使用示波器自动测量功能测试 CH2 接入的这 5 个信号,测试结果填入测试记录中。

测试记录

测试人员							
仪器设备							
测试时间			测试地点				
温度			湿度				
序号	电压最大值	电压最小值	电压峰峰值	上升时间	下降时间	T	f

注意:

仪器设备安全使用,保护人身和设备安全。

测试过程准确、高效。

测试数据的读取和计算,修约间隔 10^{0},中间计算过程的数据处理。

测试结果是由数值和单位组成,单位的填写。

实训 3:使用示波器 *X-Y* 模式和存储功能

CH1 接探头元件,CH2 接 1 kHz,10 V 正弦波,使用示波器 *X-Y* 扫描系统,观察产生的图像,存储此图像,思考产生此图像的原因。使用两台信号发生器,其中一台产生 1 kHz,10 V 正弦波,接入 CH1,另一台分别产生 1.5 kHz(10 V)、2 kHz(10 V)、3 kHz(10 V)正弦波,接入 CH2,使用示波器 *X-Y* 扫描系统,观察产生的图像,并存储这 3 个图像,把存储的图像插入测试记录中。

测试记录表

<table>
<tr><td>测试人员</td><td colspan="3"></td></tr>
<tr><td>仪器设备</td><td colspan="3"></td></tr>
<tr><td>测试时间</td><td></td><td>测试地点</td><td></td></tr>
<tr><td>温度</td><td></td><td>湿度</td><td></td></tr>
<tr><td>序号</td><td>输入信号</td><td colspan="2">示波器显示图像</td></tr>
<tr><td></td><td>CH1:

CH2:</td><td colspan="2"></td></tr>
<tr><td></td><td>CH1:

CH2:</td><td colspan="2"></td></tr>
<tr><td></td><td>CH1:

CH2:</td><td colspan="2"></td></tr>
</table>

注意：

仪器设备安全使用，保护人身和设备安全。

测试过程准确、高效。

思考与练习

1. 画出通用示波器的原理框图，简述各部分的功能。
2. 画出数字存储示波器的原理框图，数字存储示波器与模拟示波器两者有何异同？
3. 简述数字存储示波器的特点。
4. 在通用示波器中，欲让示波器稳定显示被测信号的波形，对扫描电压有何要求？
5. 连续扫描和触发扫描有何区别？
6. 试说明触发电平和触发极性调节的意义。
7. 延迟线的作用是什么？延迟线为什么要在内触发信号之后引出？

8. 在双踪示波器中，什么是“交替”显示？什么是“断续”显示？对被测信号的频率有何要求？

9. 设示波器的 X、Y 输入偏转灵敏度相同，在 X、Y 输入端分别加入电压为：

$u_x = A\sin(\omega t + 45°)$，$u_y = A\sin \omega t$，试画出荧光屏上显示的图形。

10. 一个受正弦波调制电压调制的调幅波 $u_y = U_{cm}(1 + m_a\cos \Omega t)\cos \omega ct$ 加到示波管的垂直偏转板，而同时又把这个正弦调制电压 $u_x = U_{\Omega m}\cos \Omega t(\Omega\omega c)$ 加到水平偏转板，试画出屏幕上显示的波形，如何从这个图形求调幅波的调幅系数 m_a？

11. 设被测正弦信号的周期为 T，扫描锯齿波的正程时间为 $T/4$，回程时间可以忽略，被测信号加入 Y 输入端，扫描信号加入 X 输入端，试用作图法说明信号的显示过程。

12. 若被测正弦信号的频率为 10 kHz，理想的连续扫描电压频率为 4 kHz，试画出荧光屏上显示的波形。

13. 已知扫描电压的正程、回程时间分别为 3 ms 和 1 ms，且扫描回程不消隐，试画出荧光屏上显示出的频率为 1 kHz 正弦波的波形图。

14. 有一正弦信号，示波器的垂直偏转因数为 0.1 V/div，测量时信号经过 10:1 的衰减探头加到示波器，测得荧光屏上波形的显示高度为 4.6 div，则该信号的峰值、有效值各为多少？

15. 已知示波器时基因数为 0.2 ms/div，垂直偏转因数为 10 mV/div，探极衰减比为 10:1，正弦波频率为 1 kHz，峰-峰值为 0.5 V，试画出显示的正弦波的波形图。如果正弦波有效值为 0.4 V，重绘显示出的正弦波波形图。

16. 已知示波器最小时基因素为 0.01 μs/div，荧光屏水平方向有效尺寸为 10 div，如果要观察两个周期的波形，则示波器的最高扫描工作频率是多少？（不考虑扫描逆程、扫描等待时间。）

项目三 测量频率时间

项目引入

某电子产品制造公司测试研发产品电信号的周期和频率，需要使用时间参数测量仪器，下达了要求测试人员提供 100 ~ 150 MHz 频率范围，分辨率为 1 Hz，精确度 ±1%时间参数测量仪器的任务。公司的测试人员在接到任务后按照任务的要求，通过研究分析满足要求的仪器为频率计和示波器，根据现有条件，需要对这两种仪器进行测试比较，分析误差，保证提供的设备技术指标的准确性。

学习目标

- 能够根据测试要求选择时间参数测量仪器；
- 能够熟练使用频率计完成测试任务；
- 能够分析频率计的误差；
- 能够依据误差分析理论熟练分析测量数据。

项目实施

任务1 使用电子计数器

任务解析

完成本任务，通过学习电子计数器的使用方法，了解时间频率的基本概念和测量方法，计数法测量时间频率的基本原理。

知识链接

随着电子、通信技术的发展与普及，“频率”已成为广大群众所熟悉的物理量。调节收音机上的频率刻度盘可选听自己喜欢的电台节目；调节电视机上的频道按键，可选择相应频率的电视台节目，这些已成为人们的生活常识。

人们的日常生活、工作中更离不开计时。学校何时上、下课？工厂几时上、下班？火车几点到站？班机何时起飞？出差的亲人几日能归来？等等这些问题都涉及计时。

频率、时间的应用，在当代高科技中显得尤为重要，频率与许多电参量的测量方案、测量结果都有十分密切的关系。例如，邮电通信、大地测量、地震预报，以及人造卫星、宇宙飞船、航天飞机的导航定位和控制等都与频率、时间密切相关，只是其精密度和准确度比人们日常生活中的要求高得多罢了。

一、时间、频率的基本概念

微课

电子计数器

1. 时间的定义与标准

时间是国际单位制中七个基本物理量之一，它的基本单位是秒，用 s 表示。在年历计时中嫌秒的单位太小，常用日、星期、月、年表示时间长短；在电子测量中有时又嫌秒的单位太大，常用毫秒(ms，10^{-3} s)、微秒(μs，10^{-6} s)、纳秒(ns，10^{-9} s)、皮秒(ps，10^{-12} s)表示时间长短。

“时间”在一般概念中有两种含义：一指“时刻”，表示某事件或现象何时发生。例如在 t_1 时刻开始出现，在 t_2 时刻消失；二是指“间隔”，即两个时刻之间的间隔，表示某现象或事件持续多久。例如 $\Delta t = t_2 - t_1$ 表示 t_1、t_2 这两个时刻之间的间隔，即矩形脉冲持续的时间长度。“时刻”与“间隔”二者的测量方法是不同的。

早期，人们把地球自转一周所需要的时间定为一天，把它的 1/86 400 定为 1 s。但地球自转速度受季节等因素的影响，要经常进行修正。在 1956 年正式定义 1899 年 12 月 31 日 12 时起始的回归年(太阳连续两次“经过”春分点所经历的时间)长度的 1/31 556 925. 974 7 为 1 s。由于回归年不受地球自转速度的影响，使秒定义更加确切。但观测比较困难，不能立即得到，不便于作为测量过程的参照标准。近几十年来，出现了以原子秒为基础构成的时间标准，称为原子时标，简称为原子钟。

在 1967 年，第十三届国际计量大会上通过的秒定义为：“秒是铯 133 原子(Cs133)基态的两个超精细能级之间跃迁所对应的辐射的 9 192 631 770 个周期所持续的时间。”现在各国标准时间发播台所发送的是协调世界时标(UTC),其准确度优于 $\pm 2 \times 10^{-11}$。

我国陕西天文台是规模较大的现代化授时中心,它是发播时间与频率的专用电台,台内有铯原子钟作为我国原子时间标准。它能够保持三万年以上才有 ±1 s 的偏差。中央人民广播电台的北京报时声,就是由陕西天文台授时给北京天文台,再通过中央人民广播电台播发的。需要说明的是,时间标准并不像米尺或砝码那样的标准,因为“时间”具有流逝性。换言之,时间总是在改变,不可能让其停留或保持住。

用标准尺校准普通尺子时,可以把它们靠在一起做任意多次的测量,从而得到较高的测量准确度。但在测量“时刻”时却不能这样,当延长测量时间时,所要测量的“时刻”已经流逝成为“过去”了。对于时间间隔的测量也是如此,所以说,时间标准具有不同于其他物理量标准的特性,这在测量方法和误差处理中表现得尤为明显。

2. 频率的定义与标准

生活中的“周期”现象人们早已熟悉。如地球自转的日出日落现象是确定的周期现象;重力摆或平衡摆轮的摆动、电子学中的电磁振荡也都是确定的周期现象。自然界中类似上述的周而复始重复出现的事物或事件还可以举出很多,这里不再一一列举。周期过程重复出现一次所需要的时间称为它的周期,通常用 T 表示。在数学中,把这类具有周期性的现象概括为一种函数关系描述,即

$$F(t)=F(t+mT) \tag{3-1}$$

式中,m 为整实数,即 $m=0,\pm1,\pm2,\cdots,\pm n$;$t$ 为描述周期过程的时间变量;T 为周期过程的周期。

频率是单位时间内周期性过程重复、循环或振动的次数,通常用 f 表示。联系周期与频率的定义,不难看出 f 与 T 之间有下述重要关系,即

$$f=\frac{1}{T} \tag{3-2}$$

若周期 T 的单位是秒,那么由式(3-2)可知频率的单位是 1/s,即赫兹(Hz)。

对于电谐振动、电磁振荡这类周期现象,可用更加明确的三角函数关系描述。设函数为电压函数,则可写为

$$u(t)=U_m\sin(\omega t+\varphi) \tag{3-3}$$

式中,U_m 为电压的振幅;ω 为角频率,$\omega=2\pi f$;φ 为初相位。

整个电磁频谱有各种各样的划分方式,表 3-1 给出了国际无线电咨询委员会规定的频率划分范围。

表 3-1　无线电频段的划分

名　称	频率范围	波　长/m	名　称
甚低频(VLF)	3 ~ 30 kHz	$10^5 \sim 10^4$	超长波
低频(LF)	30 ~ 300 kHz	$10^4 \sim 10^3$	长波
中频(MF)	300 ~ 3 000 kHz	$10^3 \sim 10^2$	中波
高频(HF)	3 ~ 30 MHz	$10^2 \sim 10^1$	短波

续上表

名　　称	频率范围	波　　长/m	名　　称
甚高频(VHF)	30～300 MHz	10～1	米波
超高频(UHF)	300～3 000 MHz	1～0.1	分米波

在微波技术中,通常按波长划分为米、分米、厘米、毫米、亚毫米波。在无线电广播中,则划分为长、中、短三个波段。在电视中,把从48.5～223 MHz按每频道占据8 MHz范围带宽划分为1～12频道,称为VHF频道,频率再往上的称为UHF频道。总之,频率的划分完全是根据各部门、各学科的需要来划分的。在电子测量技术中,常以1 MHz为界,以下称低频测量,以上称高频测量(一般,正弦波信号发生器就是如此划分的)。

常用的频率标准有晶体振荡石英钟,它使用在一般的电子设备与系统中。由于石英有很高的机械稳定性和热稳定性,它的振荡频率受外界因素的影响很小,因而比较稳定,可以达到10^{-10}左右的频率稳定度,又加之石英振荡器结构简单,制造、维护、使用都较方便,其精确度已能满足大多数电子设备上的需要,所以已成为人们青睐的频率标准源。近代最准确的频率标准是原子频率标准,简称原子频标。

原子频标有很多种,其中铯束原子频标的稳定性、制作重复性较好,因而高标准的频率标准源大多采用铯束原子频标。原子频标的原理是:原子处于一定的量子能级,当它从一个能级跃迁到另一个能级时,将辐射或吸收一定频率的电磁波。由于原子本身结构及其运动的永恒性,所以原子频标比天文频标和石英钟频标都稳定。

铯-133原子两个能级之间的跃迁频率为9 192.631 770 MHz,利用铯原子源射出的原子束,在磁间隙中获得偏转,在谐振腔中激励起微波交变磁场,当其频率等于跃迁频率时,原子束穿过间隙,向检测器汇集,从而就获得了铯束原子频标。原子频标的准确度可达10^{-13},它广泛使用于航天飞行器的导航、监测、控制的频标源。这里应明确,时间标准和频率标准具有同一性,可由时间标准导出频率标准,也可由频率标准导出时间标准。由前面所述的铯原子时标秒的定义与铯原子频标赫兹的定义很容易理解此点。一般情况下不再区分时间和频率标准,而统称时频标准。

3. 标准时频的传递

在当代人们的生活、工作、科学研究中,大家越来越感觉到有统一的时间频率标准的重要性。一个群体或一个系统的各部件的同步运作或确定运作的先后次序,都迫切需要一个统一的时频标准。

例如我国铁路、航空、航海运行时刻表是由“北京时间”,即我国铯原子时频标来制定的,我国各省、各地区乃至每个单位、家庭、个人的“时频”都应统一在这一时频标准上。如何统一呢?通常,时频标准采用下述两类方法提供给用户使用:其一,称为本地比较法。就是用户把自己要校准的装置搬到拥有标准源的地方,或者由有标准源的主控室通过电缆把标准信号送到需要的地方,然后通过中间测试设备进行比对。使用这类方法时,由于环境条件可控制得很好,外界干扰可减至最小,标准的性能得以最充分利用。缺点是作用距离有限,远距离的用户要将自己的装置搬来搬去,会带来许多问题上的麻烦。其二,是发送-接收标准电磁波法。这里所说的标准电磁波,是指其时间频率受标准源控制的电磁波,或含有标准时频信息的电磁波。拥有标准源的地方通过发射设备将上述标准电磁波发送出去,用户用相应的接收设备将标准电磁波接收下来,便可得到标准时频信号,并与自己的装置进行比对测量。现在,从甚长波到微波的无线电的各频段都有标准电磁波广播。

如甚长波中有美国海军导航台的NWC信号(22.3 kHz),英国的GBR信号(16 kHz);长波中有美国的罗兰C信号(100 kHz),我国的BPL信号(100 kHz);短波中有日本的JJY信号,我国的BPM信号(5 MHz、10 MHz、15 MHz);微波中有电视网络等。用标准电磁波传送标准时频,是时频量值传递与其他物理量传递方法显著不同的地方,它极大地扩大了时频精确测量的范围,大大提高了远距离时频的精确测量水平。

与其他物理量的测量相比,频率(时间)的测量具有下述特点:

(1)测量精度高

由于有着各种等级的时频标准源(如前述的晶体振荡器时钟、铯原子时钟等),而且采用无线电波传递标准时频方便、迅速、实用。因此在人们能进行测量的成千上万个物理量中,频率(时间)测量所能达到的分辨率和准确度是最高的。

(2)测量范围广

现代科学技术中所涉及的频率范围是极其宽广的,从0.01 Hz甚至更低频率开始,一直到10 MHz以上。处于这么宽范围内的频率都可以做到高精度的测量。

(3)频率信息的传输和处理方便

如倍频、分频和混频等都比较容易,并且精确度也很高,这使得对各不同频段的频率测量能机动、灵活地实施。正因为如此,人们想到了通过巧妙的数学方法和先进的电子技术,将其他物理量测量转换为频率(时间)的测量,以提高其测量准确度。这方面也是电子测量技术应用中一个值得关注的研究课题。

二、频率测量方法

对于频率测量所提出的要求,取决于所测量频率范围和测量任务。例如,在实验室中研究频率对谐振回路、电阻值、电容的损耗角或其他被研究电参量的影响时,能将频率测到 $\pm 1\times 10^{-2}$ 量级的准确度或稍高一点也就足够了;对于广播发射机的频率测量,其准确度应达到 $\pm 1\times 10^{-5}$ 量级;对于单边带通信机则应优于 $\pm 1\times 10^{-7}$ 量级;而对于各种等级的频率标准,则应在 $\pm 1\times 10^{-8}$ ~ $\pm 1\times 10^{-13}$ 量级之间。由此可见,对频率测量来讲,不同的测量对象与任务,对其测量准确度的要求十分悬殊。测试方法是否可以简单,所使用的仪器是否可以低廉,完全取决于对测量准确度的要求。

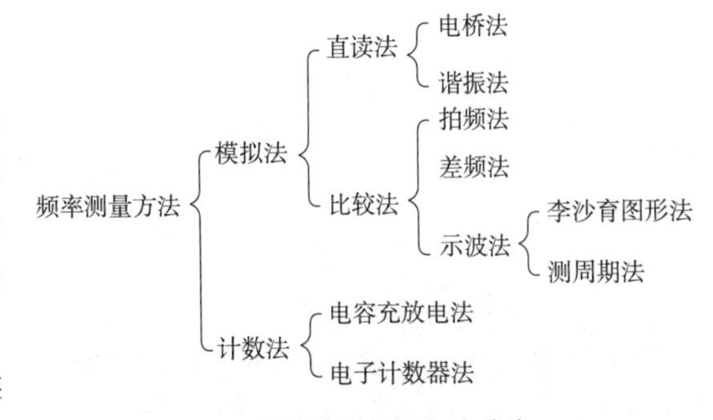

图3-1 测量频率的方法分类

根据测量方法的原理,测量频率的方法分类大体如图3-1所示。

直读法又称利用无源网络频率特性测频法,它包括电桥法和谐振法。比较法是将被测频率信号与已知频率信号相比较,通过观、听比较结果,获得被测信号的频率。属比较法的有:拍频法、差频法、示波法。

计数法有电容充放电法和电子计数器法两种。前者是利用电子电路控制电容器充放电的次数,再用磁电式仪表测量充、放电电流的大小,从而指示出被测信号的频率值。后者是根据频率的定义进行测量的一种方法,它是用电子计数器显示单位时间内通过被测量信号的周期个数实现频率的测量。

电子计数器也是一种利用比较法进行测量的最常见、最基本的数字化仪器,是其他数字化仪器的基础。利用电子计数器测量具有准确度高、显示醒目直观、测量迅速,以及便于实现、测量过程自动化等一系列突出优点。随着数字电路的飞速发展和数字集成电路的普及,电子计数器测频的应用已十分广泛。

所以,本项目将重点介绍电子计数器在频率、时间等方面的测量原理。

三、电子计数法应用

1. 电子计数法测频原理

若某一信号在 T 秒时间内重复变化了 N 次,则根据频率的定义,可知该信号的频率 f_x 为

$$f_x = \frac{N}{T} \tag{3-4}$$

为了测量的方便,通常 T 取 1 s 或其他十进位时间,如 10 s、0.1 s、0.01 s 等。

电子计数法测频原理框图如图 3-2 所示,主要由时间基准产生电路、计数脉冲形成电路、计数显示电路三部分组成。

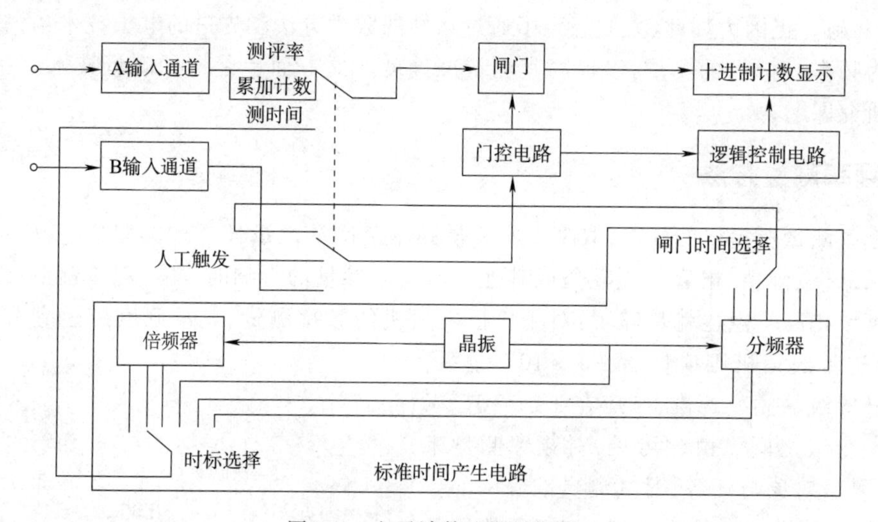

图 3-2 电子计数法原理框图

(1)时间基准产生电路

时间基准产生电路的作用是提供准确的计数时间 T,它一般由高稳定度的石英晶体振荡器、分频整形电路与门控(双稳)电路组成。晶体振荡器输出的正弦信号(频率为 f_c,周期为 T_c),经 k 次分频、整形后得到周期为 $T = kT_c$ 的窄脉冲,以此窄脉冲触发一个双稳(即门控)电路,从门控电路输出端即得所需要的宽度为基准时间 T 的脉冲,它又称为闸门时间脉冲。为了测量需要,在实际的电子计数式频率计中,时间基准选择开关分若干个挡位。

(2)计数脉冲形成电路

计数脉冲形成电路的作用是将被测的周期信号转换为可计数的窄脉冲。它一般由放大整形电路和主门(与门)电路组成。被测输入周期信号(频率为f_x,周期为T_x)经放大整形的周期为T_x的窄脉冲,送至主门的一个输入端。主门的另一个控制端输入的是时间基准产生电路产生的闸门脉冲。

在闸门脉冲开启主门期间,周期为T_x的窄脉冲才能经过主门,在主门的输出端产生输出。在闸门脉冲关闭主门期间,周期为T_x的窄脉冲不能在主门的输出端产生输出。在闸门脉冲控制下的主门输出脉冲,被送入计数器计数,所以将主门输出的脉冲称为计数脉冲,相应的这部分电路称为计数脉冲产生电路。

(3)计数显示电路

计数显示电路的作用简单地说,就是计数被测周期信号在闸门宽度T时间内重复的次数,显示被测信号的频率。它一般由计数电路、逻辑控制电路、译码器和显示器组成。在逻辑控制电路的控制下,计数器对主门输出的计数脉冲实施二进制计数,其输出经译码器转换为十进制计数,输出到数码管或显示器件作显示。

因时基T都是10的整次幂倍秒,所以显示出的十进制数就是被测信号的频率,其单位可能是Hz、kHz、MHz。这部分电路中的逻辑控制电路,用来控制计数器的工作程序(准备→计数→显示→复零→准备下一次测量)。逻辑控制电路一般由若干门电路和触发器组成的时序逻辑电路构成。时序逻辑电路的时基也是由闸门脉冲提供。

电子计数器的测频原理实质上是以比较法为基础的。它将被测信号频率f_x和已知的时基信号频率f_c相比,将相比的结果以数字的形式显示出来。

2. 电子计数法测量周期

周期是频率的倒数,既然电子计数器能测量信号的频率,会自然联想到电子计数器也能测量信号的周期。二者在原理上有相似之处,但又不能等同,下面作具体讨论。

图3-2是电子计数器原理框图。当输入信号为正弦波时,被测信号经放大整形后,形成控制闸门脉冲信号,其宽度等于被测信号的周期T_x。晶体振荡器的输出或经倍频后得到频率为f_c的标准信号,其周期为T_c,加于主门输入端,在闸门时间T_x内,标准频率脉冲信号通过闸门形成计数脉冲,送至计数器计数,经译码显示计数值N。

$$T_x = NT_c = \frac{N}{f_c} \tag{3-5}$$

当T_c为一定时,计数结果可直接表示为T_x值。例如$T_c=1\ \mu s$,$N=562$时,则$T_x=562\ \mu s$;$T_c=0.1\ \mu s$,$N=26\ 250$时,$T_x=2\ 625\ \mu s$。在实际电子计数器中,根据需要,T_c可以有几种数值,用有若干个挡位的开关实施转换,显示器能自动显示时间单位和小数点,使用起来非常方便。

3. 电子计数法测量时间间隔

在对信号波形的时域参数测量时,经常需要测量信号波形上升沿、下降沿时间、脉冲宽度、波形起伏波动的时间区间及人们所感兴趣的波形中两点之间的时间间隔等。上述诸多所要求的测量,都可归纳为时间间隔的测量。时间间隔的测量与上节讨论的信号周期的测量类似。

图3-3为测量时间间隔的原理框图。它有两个独立的通道输入,即B通道与C通道。一个通

道产生打开时间闸门的触发脉冲,另一个通道产生关闭时间闸门的触发脉冲。对两个通道的斜率开关和触发电平作不同的选择和调节就可测量一个波形中任意两点间的时间间隔。每个通道都有一个倍乘器或衰减器,触发电平调节和触发斜率选择的门电路。图中开关 S1 用于选择两个通道输入信号的种类。

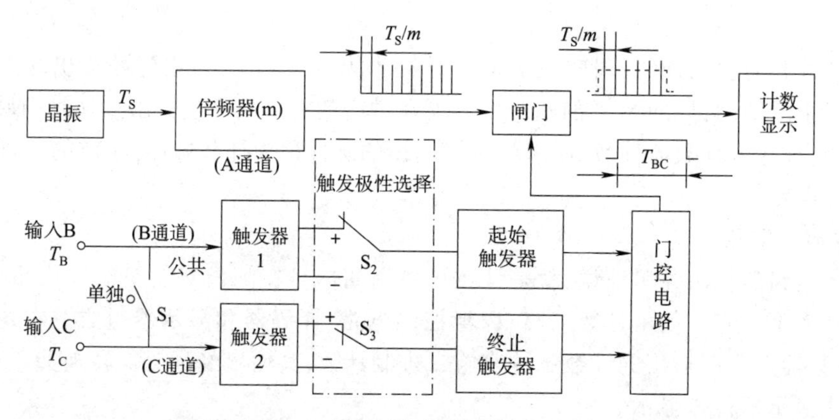

图 3-3 测量时间间隔的原理框图

S1 在"关"位置时,两个通道输入相同的信号,测量同一波形中两点间的时间间隔;S1 在"开"位置时,输入不同的波形,测量两个信号间的时间间隔。在开门期间,对频率为 f_c 或 nf_c 的时标脉冲计数,这与测周期时计数的情况相似。B 和 C 两个通道的触发斜率可任意选择为正或为负,触发电平可分别调节。触发电路用来将输入信号和触发电平进行比较,以产生启动和停止脉冲。

如需要测量两个输入信号 u_1 和 u_2 之间的时间间隔,可使 S1 置"开"位,两个通道的触发斜率都选为"+",当分别用 U_1 和 U_2 完成开门和关门实现对时标脉冲计数,便能测出 U_2 相对于 U_1 的时间延迟 T,如图 3-4 所示,即完成了两输入信号 u_1 和 u_2 之间的时间间隔的测量。

若需要测量某一个输入信号上任意两点之间的时间间隔,则把 S 置"关"位,两通道的触发斜率都选"+",U_1、U_2 分别为开门和关门电平。开门通道的触发斜率选"+",关门通道的触发斜率选"-",同样,U_1、U_2 分别为开门和关门电平。

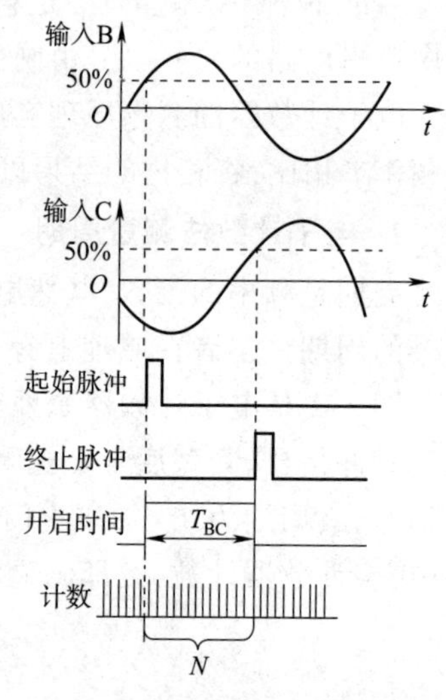

图 3-4 测量时间间隔的波形图

任务实施

本任务建议分组完成,每组 4 ~ 5 人(包括组长 1 人),组内成员分别独自完成知识链接相关知识的学习,组长根据成员的学习情况,根据随机误差的处理方法、粗大误差的判断方法和数据处理方法进行分工,各成员根据分工通过分头查阅资料,参加小组讨论,完成相应的工作。

①学习相关知识,分解任务进行小组分工。

任务分工表

<table>
<tr><td>任务名称</td><td colspan="4"></td></tr>
<tr><td>小组名称</td><td colspan="2"></td><td>组长</td><td></td></tr>
<tr><td rowspan="4">小组成员</td><td>姓名</td><td></td><td>学号</td><td></td></tr>
<tr><td>姓名</td><td></td><td>学号</td><td></td></tr>
<tr><td>姓名</td><td></td><td>学号</td><td></td></tr>
<tr><td>姓名</td><td></td><td>学号</td><td></td></tr>
<tr><td rowspan="5">小组分工</td><td>姓名</td><td colspan="3">完成任务</td></tr>
<tr><td></td><td colspan="3"></td></tr>
<tr><td></td><td colspan="3"></td></tr>
<tr><td></td><td colspan="3"></td></tr>
<tr><td></td><td colspan="3"></td></tr>
</table>

②电子计数法测量周期和频率应用方法(30 分)。

____

____

____

____

____

____

③电子计数器使用方法(70 分)。

- 开机,见表 3-2(20 分)。

表 3-2　频率计开机步骤表

步　骤	图　示
1. 将电源线接入后面板插座	
2. 打开位于前面板的电源开关	POWER

续上表

步　　骤	图　　示
3. 当按下电源开关后,屏幕显示载入状态	GW INSTEK Made to Measure.

此时,信号发生器已经可以使用。

- 频率计使用步骤(30 分)。

例子：开启计频功能,门控时间选择为 1 s,见表 3-3。

表 3-3　频率计使用步骤表

输　　出	步　　骤	图　　示
Output：N/A	1. 按 UTIL→Counter(F5)键	UTIL Counter
	2. 按 Gate Time(F1)键,选择门控时间 1 Sec(F3)	Gate Time 1 Sec
	3. 把要测量的信号接入到计频输入端	

- 测量电信号的频率(20 分)。

任务测评

教师引导学生对任务进行分析和讨论,针对任务反映的问题,根据各组提出解决方法,作简短的点评或补充性、提高性的总结,并指导各组进行组内互评,最后完成总体评价。

组内互评表

<table>
<tr><td>任务名称</td><td colspan="6"></td></tr>
<tr><td>小组名称</td><td colspan="6"></td></tr>
<tr><td>评价标准</td><td colspan="6">如任务实施所示,共 100 分</td></tr>
<tr><td rowspan="2">序号</td><td rowspan="2">分值</td><td colspan="4">组内互评(下行填写评价人姓名、学号)</td><td rowspan="2">平均分</td></tr>
<tr><td></td><td></td><td></td><td></td></tr>
<tr><td>1</td><td>30</td><td></td><td></td><td></td><td></td><td></td></tr>
<tr><td>2</td><td>70</td><td></td><td></td><td></td><td></td><td></td></tr>
<tr><td colspan="6">总　　分</td><td></td></tr>
</table>

任务评价总表

<table>
<tr><td>任务名称</td><td colspan="6"></td></tr>
<tr><td>小组名称</td><td colspan="6"></td></tr>
<tr><td>评价标准</td><td colspan="6">如任务实施所示,共 100 分</td></tr>
<tr><td rowspan="2">序号</td><td rowspan="2">分值</td><td colspan="3">自我评价(50%)</td><td rowspan="2">教师评价(50%)</td><td rowspan="2">单项总分</td></tr>
<tr><td>自评</td><td>组内互评</td><td>平均分</td></tr>
<tr><td>1</td><td>30</td><td></td><td></td><td></td><td></td><td></td></tr>
<tr><td>2</td><td>70</td><td></td><td></td><td></td><td></td><td></td></tr>
<tr><td colspan="6">总　　分</td><td></td></tr>
</table>

任务 2　分析电子计数器的误差

任务解析

通过分析电子计数器的测量误差,了解测量误差的分类,每类误差的大小以及对测量频率和测量周期时的影响分别是什么,熟练地应用误差理论分析测量误差。

知识链接

一、电子计数测频的测量误差

在测量中,误差分析计算是必不可少的。理论上讲,不管对什么物理量的测量,不管采用什么样的测量方法,只要进行测量就有误差存在。误差分析的目的就是要找出引起测量误差的主要原因,从而有针对性地采取有效措施,减小测量误差,提高测量的准确度。计数式测量频率的方法有许多优点,但这种测量方法也不可避免地存在着测量误差。

由式(3-4),根据误差合成原理得

$$\frac{\Delta f_x}{f_x}=\frac{\Delta N}{N}-\frac{\Delta T}{T} \tag{3-6}$$

从式(3-6)中可以看出:电子计数测量频率方法引起的频率测量相对误差,由计数器累计脉冲数相对误差(计数器计数误差)和闸门标准时间相对误差两部分组成。因此,对这两种相对误差可以分别加以讨论,然后相加得到总的频率测量相对误差。

1. 计数器计数误差—— ±1 误差

在测频时,主门的开启时刻与计数脉冲之间的时间关系是不相关的,也就是说它们在时间轴上的相对位置是随机的。这样,即便在相同的主门开启时间 T(先假定标准时间相对误差为零)内,计数器所计得的数却不一定相同,从而形成的误差便是计数器计数误差,由于在相同的主门开启时间 T 计数器最多多计一个数或最少少计一个数,所以,又称 ±1 误差或称量化误差。

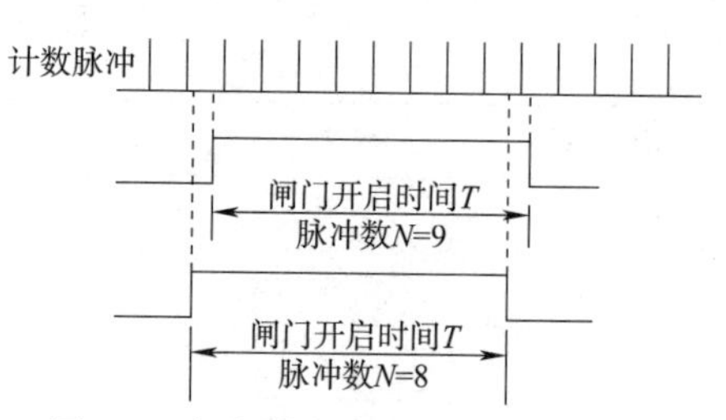

图 3-5 闸门信号和计数脉冲信号的时间关系图

计数器的 ±1 误差可用图 3-5 中的闸门信号和计数脉冲信号的时间关系来分析。

在图 3-5 中，T 为计数器的主门开启时间，T_x 为被测信号周期，Δt_1 为主门开启时刻至第一个计数脉冲前沿的时间（假设计数脉冲前沿使计数器翻转计数），Δt_2 为闸门关闭时刻至下一个计数脉冲前沿的时间。设计数值为 N（处在 T 区间之内窄脉冲个数，图中 $N=9$），由图可见

$$T = N + \Delta t_1 - \Delta t_2 = N + \frac{\Delta t_1 - \Delta t_2}{T_x} \tag{3-7}$$

$$\Delta N = \frac{\Delta t_1 - \Delta t_2}{T_x} \tag{3-8}$$

考虑到 Δt_1 和 Δt_2 都是不大于 T_x 的正时间量，由式(3-8)可以看出，$(\Delta t_1 - \Delta t_2)$ 虽然可能为正或负，但它们的绝对值不会大于 T_x，ΔN 的绝对值也不会大于1，即 $|\Delta N| \leqslant 1$。再联系 ΔN 为计数增量，它只能为实整数，在 T、T_x 为定值的情况下，可以令 $\Delta t_1 \to 0$，或 $\Delta t_1 \to T_x$ 变化，也可令 $\Delta t_2 \to 0$，或 $\Delta t_2 \to T_x$ 变化，经如上讨论可得 ΔN 的取值只有三个可能值，即 $\Delta N = 0$、1、-1。所以，脉冲计数最大绝对误差即 ±1 误差

$$\Delta N = \pm 1 \tag{3-9}$$

所以，计数器计数的最大相对误差为

$$\frac{\Delta N}{N} = \pm \frac{1}{N} = \pm \frac{1}{f_x T} \tag{3-10}$$

在式(3-10)中，f_x 为被测量信号频率；T 为闸门时间。由式(3-10)不难得到如下结论：脉冲计数相对误差与被测信号频率和闸门时间成反比。也就是说被测信号频率越高、闸门时间越宽，此项相对误差越小。

例如，T 选为 1 s，若被测频率 $f_x = 100$ Hz，则 ±1 误差为 ±1 Hz；若 $f_x = 1\ 000$ Hz，±1 误差也为 ±1 Hz。而计算其相对误差，前者是 ±1%，而后者却是 ±0.1%，显然被测频率高，相对误差小。再如，若被测频率 $f_x = 100$ Hz 时，当 $T = 1$ s 时，±1 误差为 ±1 Hz，其相对误差为 ±1%；当 $T = 10$ s 时，±1 误差为 ±0.1 Hz，其相对误差为 ±0.1%。本例所用数据表明：当 f_x 一定时，增大闸门时间 T，可减小脉冲计数的相对误差。

2. 闸门时间误差（时基误差）

闸门时间不准，造成主门启闭时间或长或短，显然要产生测频误差。闸门时间 T 是由晶振信号分频而得。设晶振频率为 f_c（周期为 T_c），分频系数为 k，所以有

$$T = kT_c = k \cdot \frac{1}{f_c} \tag{3-11}$$

由误差合成原理可知

$$\frac{\Delta T}{T} = -\frac{\Delta f_c}{f_c} \tag{3-12}$$

式(3-12)表明：闸门时间相对误差在数字上等于晶振频率的相对误差，所以又称时基误差。

3. 计数器测频的总误差

将式(3-10)、(3-12)代入式(3-6)可得计数器测频的总误差为

$$\frac{\Delta f_x}{f_x} = \pm\frac{1}{Tf_x} + \frac{\Delta f_c}{f_c} \tag{3-13}$$

考虑到 Δf_c 有可能大于零,也有可能小于零。若按最坏情况考虑,测量频率的最大相对误差应写为

$$\frac{\Delta f_x}{f_x} = \pm\left(\frac{1}{Tf_x} + \left|\frac{\Delta f_c}{f_c}\right|\right) \tag{3-14}$$

对式(3-14)稍作分析便可看出,要提高频率测量的准确度,应采取如下措施。

①扩大闸门。时间 T 或倍频被测信号的频率以减小 ±1 误差。

②提高晶振频率的准确度和稳定度以减小闸门时间误差。

③被测信号频率 f_x 较高时,闸门时间误差较小,说明计数测频的误差较小;被测信号频率 f_x 较低时,闸门时间误差较大,说明计数测频的误差较大。所以,在被测信号频率 f_x 较低时,应采用测周期的方法进行测量。

计数式频率计的测频准确度主要取决于仪器本身闸门时间的准确度、稳定度和恰当选择闸门时间。用优质的石英晶体振荡器可以满足一般电子测量对闸门时间准确度、稳定度的要求。关于闸门时间的选择,举一个具体例子看如何选择才算是恰当的。

一台可显示 8 位数的计数式频率计,取单位为 kHz。设 $f_x = 10$ MHz,当选择闸门时间 $T = 1$ s 时,仪器显示值为 10 000. 000 kHz;当选 $T = 0.1$ s 时,显示值为 010 000. 00 kHz;选 $T = 10$ ms 时,显示值为 0 010 000. 0 kHz。由此可见,选择 T 大一些数据的有效位数多,同时量化误差小,因而测量准确度高。但是,在实际测频时并非闸门时间越长越好,它也是有限度的。

本例如选 $T = 10$ s 则仪器显示为 0 000. 000 0 kHz,把最高位丢了,造成虚假现象,当然也就谈不上测量准确了。原因是由于实际的仪器显示的数字都是有限的,而产生了溢出造成的。所以选择闸门时间的原则是:在不使计数器产生溢出现象的前提下,应取闸门时间尽量大一些,减少量化误差的影响,使测量的准确度最高。

二、电子计数测周期的测量误差

从式(3-5)中可知,用电子计数器测量出的被测信号周期 T_x 的大小,与计数器在闸门时间 T_x 内所计的数 N 有关,与晶体振荡器的输出或经倍频后得到的频率 f_c 有关。由误差合成原理,则式(3-5)的测量误差为

$$\frac{\Delta T_x}{T_x} = \frac{\Delta N}{N} + \frac{\Delta T_c}{T_c} \tag{3-15}$$

或

$$\frac{\Delta T_x}{T_x} = \frac{\Delta N}{N} - \frac{\Delta f_c}{f_c} \tag{3-16}$$

同样,电子计数器测量周期的误差由两项构成,第一项为计数器计数误差,第二项为时基误差。

对于计数器计数误差的分析与计数器测频的分析相同,由于在极限情况下,量化误差

$\Delta N = \pm 1$，所以

$$\frac{\Delta N}{N} = \pm \frac{1}{N} = \pm \frac{1}{T_x f_c} = \pm \frac{T_c}{T_x} \tag{3-17}$$

对于第二项时基误差，由于晶振频率误差 Δf_c 的符号可能为正，可能为负，考虑最坏情况，因此应用式(3-16)计算测量周期误差时，取绝对值相加，所以改写式(3-16)为

$$\frac{\Delta T_x}{T_x} = \pm\left(\frac{1}{N} + \left|\frac{\Delta f_c}{f_c}\right|\right) = \pm\left(\frac{T_c}{T_x} + \left|\frac{\Delta f_c}{f_c}\right|\right) \tag{3-18}$$

例如，某计数式频率计，$|\Delta f_c|/f_c = 2 \times 10^{-7}$，在测量周期时，取 $T_c = 1\ \mu s$，则当被测信号周期 $T_x = 1\ s$ 时

$$\frac{\Delta T_x}{T_x} = \pm\left(\frac{1 \times 10^{-6}}{1} + 2 \times 10^{-7}\right) = \pm 1.2 \times 10^{-6}$$

其测量准确度很高，接近晶振频率准确度，当 $T_x = 1\ ms(f_x = 1\ 000\ Hz)$ 时，测量误差为

$$\frac{\Delta T_x}{T_x} = \pm\left(\frac{1 \times 10^{-6}}{1 \times 10^{-3}} + 2 \times 10^{-7}\right) \approx \pm 0.1\%$$

当 $T_x = 10\ \mu s(f_x = 100\ kHz)$ 时

$$\frac{\Delta T_x}{T_x} = \pm\left(\frac{1 \times 10^{-6}}{10 \times 10^{-6}} + 2 \times 10^{-7}\right) \approx \pm 10\%$$

由这几个简单例子误差的计算结果可以明显看出，计数器测量周期时，其测量误差主要取决于量化误差，被测周期越大(f_x越小)时误差越小，被测周期越小(f_x越大)时误差越大。

为了减小测量误差，可以减小 T_c(增大 f_c)，但这受到实际计数器计数速度的限制。在条件许可的情况下，尽量使 f_c 增大。另一种方法是把 T_x 扩大 m 倍，形成的闸门时间宽度为 mT_x，以它控制主门开启，实施计数。

计数器计数结果为

$$N = \frac{mT_x}{T_c} \tag{3-19}$$

由于 $\Delta N = \pm 1$，并考虑到式(3-19)，所以

$$\frac{\Delta N}{N} = \pm \frac{T_c}{mT_x} \tag{3-20}$$

式(3-20)表明了量化误差降低了 m 倍。将式(3-19)代入式(3-18)得

$$\frac{\Delta T_x}{T_x} = \pm\left(\frac{T_c}{mT_x} + \left|\frac{\Delta f_c}{f_c}\right|\right) = \pm\left(\frac{1}{mT_x f_c} + \left|\frac{\Delta f_c}{f_c}\right|\right) \tag{3-21}$$

扩大待测信号的周期 m 倍后为 mT_x，m 在仪器上称作“周期倍乘”，通常取 m 为 $10i(i = 0, 1, 2, \cdots)$。例如上例被测信号周期 $T_x = 10\ \mu s$，即频率为 10^5 Hz，若采用四级十分频，把它分频成 10 Hz(周期为 0.1 s)，即周期倍乘 $m = 10\ 000$，这时测量周期的相对误差

$$\frac{\Delta T_x}{T_x} = \pm\left(\frac{10^{-6}}{10\ 000 \times 10 \times 10^{-6}} + 2 \times 10^{-7}\right) \approx \pm 10^{-5}$$

由此可见，经“周期倍乘”后再进行周期测量，其测量准确度大为提高，但也应注意到，所乘倍数要受仪器显示位数及测量时间的限制。

在通用电子计数器中，测频率和测周期的原理及误差的表达式都是相似的，但是从信号的流

通路径来说则是完全不同。测频率时,标准时间由内部基准即晶体振荡器产生。一般选用高准确度的晶振,采取防干扰措施以及稳定触发器的触发电平,这样使标准时间的误差小到可以忽略,测频误差主要取决于量化误差(即 ±1 误差)。在测量周期时,信号的流通路径和测频时完全相反,这时内部的基准信号,在闸门时间信号控制下通过主门,进入计数器。

闸门时间信号则由被测信号经整形产生,它的时间宽度不仅取决于被测信号周期 T_x,还与被测信号的幅度、波形陡直程度以及叠加噪声情况等有关,而这些因素在测量过程中是无法预先知道的,因此测量周期的误差因素比测量频率时多。

在测量周期时,被测信号经放大整形后作为时间闸门的控制信号(简称门控信号),因此,噪声将影响门控信号(即 T_x)的准确性,造成所谓触发误差。若被测正弦信号为正常的情况,在过零时刻触发,则开门时间为 T_x。若存在噪声,有可能使触发时间提前 ΔT_1,也有可能使触发时间延迟 ΔT_2。

在极限情况下,闸门开门的起点将提前 ΔT_1,关门的终点将延迟 ΔT_2,或者相反。根据随机误差的合成,采用方和根合成法,可得总的触发误差

$$\Delta T_x = \pm\sqrt{(\Delta T_1)^2 + (\Delta T_2)^2} = \sqrt{2}\frac{T_x}{2\pi}\cdot\frac{U_n}{U_m} = \frac{T_x U_n}{\sqrt{2}\pi U_m} \tag{3-22}$$

所以,由随机噪声引起的触发相对误差为

$$\frac{\Delta T_x}{T_x} = \pm\frac{1}{\sqrt{2}\pi}\cdot\frac{U_n}{U_m} \tag{3-23}$$

如前类似分析,若门控信号周期扩大 m 倍,则由随机噪声引起的触发相对误差可降低为

$$\frac{\Delta T_x}{T_x} = \pm\frac{1}{m\sqrt{2}\pi}\cdot\frac{U_n}{U_m} \tag{3-24}$$

式(3-24)表明:测量周期时的触发误差与信噪比成反比。例如:$U_m/U_n = 10$ 时,$\Delta T_x/T_x = \pm 2.3\times 10^{-2}$;$U_m/U_n = 100$ 时,$\Delta T_x/T_x = \pm 2.3\times 10^{-3}$。由这些数据计算的结果,可以更直观地看出,信噪比越大时其触发误差就越小。若对引起触发误差的主要因素分别单独考虑,信号过零点斜率($\tan\alpha$)值大,则在相同噪声幅度 U_n 条件下,引起的 ΔT_1、ΔT_2 小,从而使触发误差就小。

分析至此,若考虑噪声引起的触发误差,那么,用电子计数器测量信号周期的误差共有三项,即量化误差(±1 误差)、标准频率误差和触发误差。按最坏的可能情况考虑,在求其总误差时,可进行绝对值相加,即

$$\frac{\Delta T_x}{T_x} = \pm\left(\frac{1}{mT_x f_c} + \left|\frac{\Delta f_c}{f_c}\right| + \frac{1}{\sqrt{2}m\pi}\frac{U_n}{U_m}\right) \tag{3-25}$$

式中,m 为“周期倍乘”数,U_m 为信号的振幅,U_n 为被测信号上叠加的噪声“振幅值”。

任务实施

本任务建议分组完成,每组 4～5 人(包括组长 1 人),组内成员分别独自完成知识链接相关知识的学习,组长根据成员的学习情况进行分工,各成员根据分工通过分头查阅资料,进行小组讨论,完成相应的工作。

①学习相关知识,分解任务进行小组分工。

任务分工表

<table>
<tr><td>任务名称</td><td colspan="4"></td></tr>
<tr><td>小组名称</td><td colspan="2"></td><td>组长</td><td></td></tr>
<tr><td rowspan="4">小组成员</td><td>姓名</td><td></td><td>学号</td><td></td></tr>
<tr><td>姓名</td><td></td><td>学号</td><td></td></tr>
<tr><td>姓名</td><td></td><td>学号</td><td></td></tr>
<tr><td>姓名</td><td></td><td>学号</td><td></td></tr>
<tr><td rowspan="6">小组分工</td><td>姓名</td><td colspan="3">完成任务</td></tr>
<tr><td></td><td colspan="3"></td></tr>
<tr><td></td><td colspan="3"></td></tr>
<tr><td></td><td colspan="3"></td></tr>
<tr><td></td><td colspan="3"></td></tr>
<tr><td></td><td colspan="3"></td></tr>
</table>

②分析电子计数法测量频率的误差(50 分,其中电子计数法测量频率误差种类(10 分),分析不同种误差对测量频率的影响(20 分),提高测量频率准确度的措施(20 分))。

③分析电子计数法测量周期的误差(50 分,其中电子计数法测量周期误差种类(10 分),分析不同种误差对测量周期的影响(20 分),提高测量周期准确度的措施(20 分))。

任务测评

教师引导学生对任务进行分析和讨论，针对任务反映的问题，根据各组提出解决方法，作简短的点评或补充性、提高性的总结，并指导各组进行组内互评，最后完成总体评价。

组内互评表

任务名称						
小组名称						
评价标准	如任务实施所示，共100分					
序号	分值	组内互评（下行填写评价人姓名、学号）				平均分
1	50					
2	50					
总　　分						

任务评价总表

任务名称						
小组名称						
评价标准	如任务实施所示，共100分					
序号	分值	自我评价（50%）			教师评价（50%）	单项总分
		自评	组内互评	平均分		
1	50					
2	50					
总　　分						

项目总结

本项目主要介绍了电信号时间和频率的基本概念、使用计数法测量时间和频率的方法、电子计数法的测量误差及测量时间和频率的误差分析方法等内容。通过本项目的实施，熟练掌握频率计的使用方法，具有依据误差理论分析误差的能力。

项目实训

实训1：频率计的使用和误差分析

使用两台信号发生器A和B，A作为信号发生器使用，B作为计数器使用。B方式选择计数方式。

A产生1 kHz正弦波信号引入外部输入插座，观察B频率显示，调节A输出频率，观察B显示变化。

每组同学使用信号发生器产生方波、三角波和正弦波，每种波形任选 5 个不同频率(f)，使用计数器测试这个信号的频率，填入测试记录。以信号发生器所示频率为真值。

测试记录

测试人员					
仪器设备					
测试时间			测试地点		
温度			湿度		
序号	波形	频率	测试频率值	绝对误差	相对误差

注意：

仪器设备安全使用，保护人身和设备安全。

测试过程准确、高效。

测试数据的读取和计算，修约间隔 10^{-1}，中间计算过程的数据处理。

测试结果由数值和单位组成，单位的填写。

实训 2：示波器和频率计两种测量频率方法的比较

每位同学使用信号发生器产生方波、三角波和正弦波，每种波形任选 5 个不同频率波形，使用计数器和示波器分别测试这个信号频率填入测试记录。以信号发生器所示频率为真值。

测试记录

测试人员								
仪器设备								
测试时间				测试地点				
温度				湿度				
序号	波形	频率	计数器测试			示波器测试		
			频率	绝对误差	相对误差	频率	绝对误差	相对误差

注意：

仪器设备安全使用，保护人身和设备安全。

测试过程准确、高效。

测试数据的读取和计算，修约间隔 10^{-1}，中间计算过程的数据处理。

测试结果由数值和单位组成，单位的填写。

思考与练习

1. 测量频率的方法按测量原理分为哪几类？
2. 简述计数器测频的原理、误差来源及减小误差的方法。
3. 简述计数器测周的原理、误差来源及减小误差的方法。

4. 简述计数器测量时间间隔的原理、误差来源及减小误差的方法。

5. 用电子计数器测量一个频率为 100 kHz 的信号，试分别计算当闸门时间置于 1 s、0.1 s 和 10 ms 时，由 ±1 误差产生的测量误差。

6. 欲用电子计数器测量一个频率为 200 Hz 的信号，采用测频（选闸门时间为 1 s）和测周（选时标为 0.1 μs）两种方法，试比较这两种方法由 ±1 误差所引起的测量误差。

7. 某信号频率为 10 kHz，信噪比 $S/N = 40$ dB，已知计数器标准频率误差 $\Delta f_c/f_c = \pm(1 \times 10^{-8})$，利用下述哪种测量方案测量误差最小？

（1）测频，闸门时间 1 s；

（2）测周，时标 100 μs；

（3）周期倍乘，$m = 1\ 000$。

项目四
测量电压

项目引入

某电子产品制造公司为测试产品的电压参数,下达了要求测试人员提供 0 ~ 100 V,准确度 5% 的交流电压测试方案任务。测试人员接到任务后通过分析研究,根据交流电压的三个基本表征方式的不同设计方案,使用示波器和数字万用表测量,进行误差分析,保证提供的设备技术指标的准确性。

学习目标

- 能够分析交流电压的三个基本电压表征方式实际数值;
- 能够熟练使用数字万用表进行电压测量;
- 能够熟练应用误差理论分析测量误差;
- 培养质量意识和团体协作精神。

项目实施

任务1 分析交流电压的不同表征方式

任务解析

完成本任务,通过测量交流电压的三个基本电压表征方式数值,了解交流电压表征方式的原理和应用。

知识链接

一、如何测量电压

电压量广泛存在于科学研究、航空航天、现代化生产以及人类生活的各种活动之中,电压测量是许多电测量与非电测量的基础,是电子测量的重要内容。

在电路参数中,电压、电流、功率是表征电信号能量的三个基本参数,而电流和功率又往往通过电压进行间接测量。从测量角度看,测量的主要参量是电压。另外,电子电路及电子设备的各种工作状态和特性都可以通过电压量表现出来。例如,电路的饱和与截止状态、线性工作范围、电路中的控制信号和反馈信号等,以及频率特性、调制度、失真度、灵敏度等。所以,电压测量是电量测量中最基本、最常见的一种测量。

微课

电子电压表

在非电量检测中,许多物理量(如温度、压力、振动、速度、加速度等)都可以通过传感器转换成电压量,通过电压测量即可方便地实现对这些物理量的测量与监测。所以,电压测量也是非电量测量的基础。

1. 电压测量的特点

电压测量的特点体现了电子测量的基本特点,这些特点充分反映在实现电压测量的各种仪器设备和数据采集系统中,归纳起来主要有下述几大特点:

(1)频率范围宽

现代的电压测量技术,其频率覆盖范围相当宽,包括直流电压和交流电压的测量,交流电压的频率可从 10^{-6} Hz ~ 10^{9} Hz 以上。

在电子测量中,习惯上将 1 MHz 以上(至 3 GHz)称为高频或射频,1 MHz 以下称为低频,10 Hz(或 5 Hz)以下称为超低频。

(2)测量范围宽

现代的电压测量技术,可测量的电压范围极宽,低至纳伏级(10^{-9} V)的微弱信号(如心电医学信号、地震波等),高至数百千伏的超高压信号(如电力系统中)。通常,将电压测量范围分为:超高压(几万伏以上)、高压(千伏以上)、大电压(几十伏以上)、中电压(0.1 V 至几十伏)、小电压(1 μV ~ 0.1 V)及超小(微弱)电压(1 μV 以下)。

(3)电压波形的多样化

电压测量除了直流电压以外,还有交流电压。交流电压波形多种多样,除大量存在的正弦电压外，还包括失真的正弦波及各种非正弦波，如矩形波、脉冲波、三角波、斜波电压以及各种调制波形等，而噪声电压则是一种无规则的随机电压信号。

(4)要求有足够高的输入阻抗

被测信号可以视为理想电压源和等效内阻的串联，被测信号接入电压测量仪器后，电压测量仪器的输入阻抗就是被测电路的额外负载。由于仪器输入阻抗的存在会对测量结果产生影响，要求仪器具有足够高的输入阻抗。

目前，直流数字电压表的输入阻抗在小于 10 V 量程时可高达 10 GΩ 甚至 1 000 GΩ 以上，高量程由于分压器的接入，一般可达 10 MΩ。对于交流电压的测量，由于需通过变换电路，故即使是数字电压表，其输入阻抗也做不高，一个典型数值为 1 MΩ∥15 pF(∥表示并联)。对于高频交流电压的测量，若输入阻抗不匹配会引起被测信号的反射，所以还要考虑被测电路和测量仪器输入阻抗的匹配。

(5)要求有足够高的测量准确度

由于电压测量的基准是直流标准电池，且在直流电压测量中，各种分布性参量的影响极小，因此，直流电压的测量可获得最高的测量准确度。

目前，数字电压表测量直流电压的准确度可达 10^{-8}。至于交流电压测量，一般通过交流/直流(AC/DC)变换(检波)电路，而且当测量高频电压时，分布性参量的影响不可忽视，再加上波形误差，故即使采用数字电压表，交流电压的测量准确度目前也只能达到 10^{-5}左右。

在实际测量中，电压测量的准确度要求与具体测量场合有关，如工业测量领域，有时只是需要监测电压的大致范围，其精度要求可低至百分之几即可，但有些场合则需要进行高精度的测量，如 $10^{-5}\sim10^{-3}$或更高，而作为电压标准的计量仪器，其精度则可达 $10^{-9}\sim10^{-8}$。

(6)要求有高的测量速度

在测量领域，一般分为静态测量和动态测量，静态测量速度可以很慢(每秒几次)，但通常要求测量准确度很高；动态测量速度很高(每秒百万次以上)，但测量准确度可以较低一些。测量速度和准确度始终是一对矛盾体，人们追求高速度高准确度的测量往往需要付出很大的代价。

(7)要求有高的抗干扰性能

各种干扰信号(噪声)直接或等效地叠加在被测信号上，对测量结果产生影响，特别是微弱信号的测量。另外，测量仪器本身也会产生噪声(如内部热噪声)，以及存在来自测量仪器的供电系统的噪声，因此，电压测量需要特别重视抗干扰措施，提高测量仪器的抗干扰能力。

需要说明的是，任何测量仪器不可能覆盖测量所有的电压频率范围、量程范围、准确度和速度等要求，一般只是工作在其中的某一范围。

2. 电压测量的方法和分类

被测电压按对象可以分为直流电压测量和交流电压测量，按测量的技术手段可以分为模拟电压测量和数字电压测量。不同的测量方法，所用的测量仪器有所不同。

(1)直流电压的模拟测量

直流电压的模拟测量一般是将被测模拟电压经过放大或衰减后，驱动直流电流表(动圈式 μA 表)指针偏转，以指示测量结果。其结构简单，但一般测量准确度较低。

(2)交流电压的模拟测量

为了测量交流电压，需进行交流-直流(AC/DC)变换(又称检波)，将交流电压变换成直流电压或再经过放大或衰减后，驱动直流电流表（动圈式 μA 表）指针偏转，以指示测量结果。交流电压的模拟测量方法（电流表指示）简单、价廉，特别是在测量高频电压时，其测量准确度不亚于数字电压表，因此，传统的模拟式电压表、电平表和噪声测量仪表仍在应用。

（3）直流电压数字化测量

直流电压数字化测量是通过模拟-数字（A/D）转换器，将模拟电压量转换成对应的数字电压量。然后用电子计数器计数，并以十进制数字显示被测电压值。数字化电压测量直观方便，功耗低，测量准确度高，以 A/D 转换器为核心即可构成数字电压表（DVM）。

（4）交流电压的数字化测量

交流电压经过变换后得到直流电压，然后，通过数字化直流电压测量方法，即可实现交流电压的数字化测量。

数字万用表（DMM）可以测量直流和交流的电压、电流、阻抗等，因而得到广泛应用。

（5）基于采样的交流电压测量方法

实现交流电压测量的另一种方法是，直接采用高速 A/D 转换器，将被测交流电压波形以奈奎斯特采样频率实时采样，然后，对采样数据进行处理，计算出被测交流电压的有效值、峰值和平均值。

（6）示波测量方法

利用模拟示波器或数字存储示波器可直观显示出被测电压波形，并读出相应的电压参量。实际上，示波器是一种广义电压表。

二、表征交流电压的基本参量

峰值、平均值和有效值是表征交流电压的三个基本电压参量。另外，对于峰值或平均值相等的不同波形，由于其有效值不同，为了利用正弦波有效值刻度的电压表测量不同的波形电压，为此，引入了不同波形峰值到有效值、平均值到有效值的变换系数，即波峰因数和波形因数，从而方便地进行有关参数的转换和计算。所以，波峰因数和波形因数也是表征交流电压的另外两个基本参量。

1. 峰值

交流电压的峰值是指以零电平为参考的最大电压幅值，即等于电压波形的正峰值，用 U_p 表示，以直流分量为参考的最大电压幅值则称为振幅，通常用 U_m 表示，当不存在直流电压，或输入被隔离了直流电压的交流电压时，振幅 U_m 与峰值 U_p 相等。

峰值有正峰值（U_p^+）和负峰值（U_p^-）之分，其几何意义如图 4-1 所示。

峰值与振幅值的概念不同，峰值是从参考零电平开始计算的，而振幅值是以交流电压中的直流分量为参考电平计算的。当电压中包含直流分量时，振幅值与峰值是不相等的，当电压中的直流分量为零时，则峰值等于振幅值。

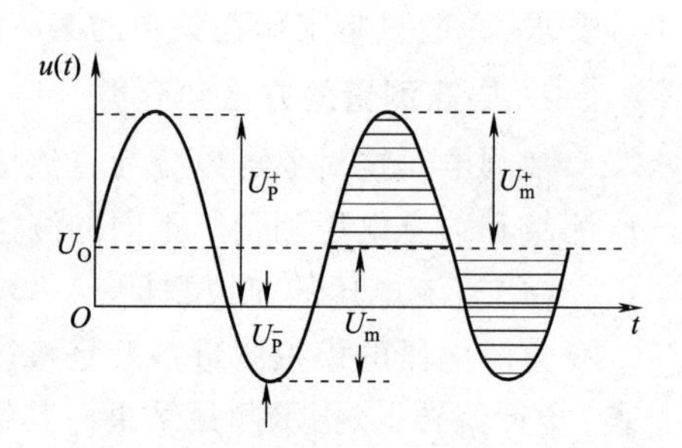

图 4-1　正弦信号交流电压波形图

图 4-1 以正弦信号交流电压波形为例，说明了交流电压的峰值和振幅的关系。

图 4-1 中，U_p 为正弦电压峰值，U_m 为正弦电压振幅。

2. 均值

交流电压 $u(t)$ 的平均值(简称均值)用 $\overline{U}$ 表示,数学上定义为

$$\overline{U}=\frac{1}{T}\int_{0}^{T}u(t)\,\mathrm{d}t \tag{4-1}$$

式中,T 为 $u(t)$ 的周期。

根据这一定义,平均值 $\overline{U}$ 实际上为交流电压 $u(t)$ 的直流分量,其物理意义为:$\overline{U}$ 为交流电压波形 $u(t)$ 在一个周期内与时间轴所围成的面积,当 $u(t)>0$ 部分与 $u(t)<0$ 部分所围面积相等时,平均值 $U=0$(亦即直流分量为零)。

显然,数学上的平均值为直流分量,对于不含直流分量的交流电压,即对于以时间轴对称的周期性交流电压,其平均值总为零,它无法反映交流电压的大小。因此在测量中,交流电压平均值通常指经过全波或半波整流后的波形(一般若无特指,均为全波整流)。全波整流后的平均值在数学上可表示为

$$\overline{U}=\frac{1}{T}\int_{0}^{T}|u(t)|\,\mathrm{d}t \tag{4-2}$$

3. 有效值

在电工理论中,交流电压的有效值(用 U 表示)定义为,交流电压 $u(t)$ 在一个周期 T 内,通过某纯电阻负载 R 所产生的热量,与一个直流电压 U 在同一负载上产生的热量相等时,则该直流电压 U 的数值就表示了交流电压 $u(t)$ 的有效值。设直流电流为 I,则直流电压 U 在时间 T 内在电阻 R 上产生的热量。

交流电压 $u(t)$ 在时间 T 内在电阻 R 上产生的热量可推导出交流电压有效值的表达式为

$$U=\sqrt{\frac{1}{T}\int_{0}^{T}u^{2}(t)\,\mathrm{d}t} \tag{4-3}$$

上式在数学上即为方均根值。有效值反映了交流电压的功率,是表征交流电压的重要参量。对于理想的正弦波交流电压 $u(t)=U_{\mathrm{p}}\sin\omega t$,若 $\omega=2\pi/T$,可推导出正弦波交流电压有效值的表达式为

$$U=\frac{1}{\sqrt{2}}U_{\mathrm{P}}=0.707\,U_{\mathrm{P}} \tag{4-4}$$

4. 波峰因数和波形因数

交流电压的波峰因数定义为峰值与其有效值的比值,用 K_{p} 表示,即

$$K_{\mathrm{P}}=\frac{峰值}{有效值}=\frac{U_{\mathrm{P}}}{U} \tag{4-5}$$

对于理想的正弦波交流电压 $u(t)=U_{\mathrm{p}}\sin\omega t$,若 $\omega=2\pi/T$,则利用式(4-4),其波峰因数 K_{p} 为

$$K_{\mathrm{P}}=\frac{U_{\mathrm{P}}}{U_{\mathrm{P}}/\sqrt{2}}=\sqrt{2}=1.41 \tag{4-6}$$

交流电压的波形因数定义为有效值与其平均值的比值,用 K_{F} 表示

$$K_{\mathrm{F}}=\frac{有效值}{平均值}=\frac{U}{\overline{U}} \tag{4-7}$$

对于理想的正弦波交流电压 $u(t)=U_{\mathrm{p}}\sin\omega t$,若 $\omega=2\pi/T$,则利用式(4-7),其波形因数 K_{F} 为

$$K_P = \frac{(1/\sqrt{2})U_P}{(2/\pi)U_P} = \frac{\pi}{2\sqrt{2}} = 1.11 \tag{4-8}$$

式(4-5)和式(4-7)分别定义了波峰因数和波形因数,并以正弦波说明了其峰值、平均值与有效值之间的关系。显然,不同波形有不同的波峰因数和波形因数,表4-1列出了常见波形的有效值、平均值与其相应峰值之间的关系,以及各自的波峰因数和波形因数的大小,实际中最常见的波形是正弦波、三角波和方波,最好记住它们的波峰因数和波形因数。

表4-1 几种典型的交流电压的波形参数

序号	名　称	波形因数 K_F	波峰因数 K_P	有效值	平均值
1	正弦波	1.11	1.414	$U_P/\sqrt{2}$	$\frac{2}{\pi}U_P$
2	半波整流	1.57	2	$U_P/\sqrt{2}$	$\frac{2}{\pi}U_P$
3	全波整流	1.11	1.414	$U_P/\sqrt{2}$	$\frac{2}{\pi}U_P$
4	三角波	1.15	1.73	$U_P/\sqrt{3}$	$U_P/\sqrt{2}$
5	锯齿波	1.15	1.73	$U_P/\sqrt{3}$	$U_P/\sqrt{2}$
6	方波	1	1	U_P	U_P
7	白噪声	1.25	3	$\frac{1}{3}U_P$	$\frac{1}{3.75}U_P$

任务实施

本任务建议分组完成,每组4~5人(包括组长1人),组内成员分别独自完成知识链接相关知识的学习,组长根据成员的学习情况进行分工,各成员根据分工通过分头查阅资料,参加小组讨论,完成相应的工作。

①学习相关知识,分解任务进行小组分工。

任务分工表

任务名称				
小组名称			组长	
小组成员	姓名		学号	
	姓名		学号	
	姓名		学号	
	姓名		学号	
	姓名		学号	

小组分工	姓名	完成任务

②电压测量的方法有哪些？说明具体含义(30 分,每种方法 5 分)。

③交流电压的基本电压表征方式有哪些,具体的物理意义是什么(40 分)?

④有效值为 10 V 的正弦波、方波和全波整流波的平均值和峰值分别是多少(30 分,每种波形 10 分)?

任务测评

教师引导学生对任务进行分析和讨论,针对任务反映的问题,根据各组提出解决方法,作简短的点评或补充性、提高性的总结,并指导各组进行组内互评,最后完成总体评价。

组内互评表

任务名称						
小组名称						
评价标准	如任务实施所示,共100分					
序号	分值	组内互评(下行填写评价人姓名、学号)				平均分
1	30					
2	40					
3	30					
总　　分						

任务评价总表

任务名称						
小组名称						
评价标准	如任务实施所示,共100分					
序号	分值	自我评价(50%)			教师评价(50%)	单项总分
		自评	组内互评	平均分		
1	30					
2	40					
3	30					
总　　分						

任务2 使用数字万用表

任务解析

数字万用表是应用数字电压表的原理完成电压、电流和电阻等测量的多用途电子测量仪器,以优利德公司生产的UC890C数字万用表为例,通过研究数字万用表的使用方法,了解数字电压表和数字万用表的原理,掌握数字电压表的性能指标及其含义,学会使用数字万用表。

一、数字电压表

数字电压表(Digital Voltage Meter,DVM)近几年来已成为测量极其准确、灵活多用并且价格正在逐渐下降的电子仪器。此外,由于 DVM 能很好地与其他数字仪器(包括微计算机)相连接,因此,在自动化测量系统发展中起着很重要的作用。

1. 数字电压表的组成

数字电压表的组成原理框图如图 4-2 所示,它包括模拟和数字两大部分。其核心部件是 A/D 转换器(Analog to Digital Converter,ADC),A/D 转换器实现模拟电压到数字量的转换,其结果直接用数字显示。各类 DVM 之间最大的区别在于 A/D 变换的方法不同,而各种 DVM 的性能在很大程度上也取决于所用 A/D 变换的方法。为适应不同的量程及不同输入信号的测量需要,在 A/D 转换器输入端之前一般都有输入放大(衰减)电路或输入变换电路(如 AC/DC 变换)。

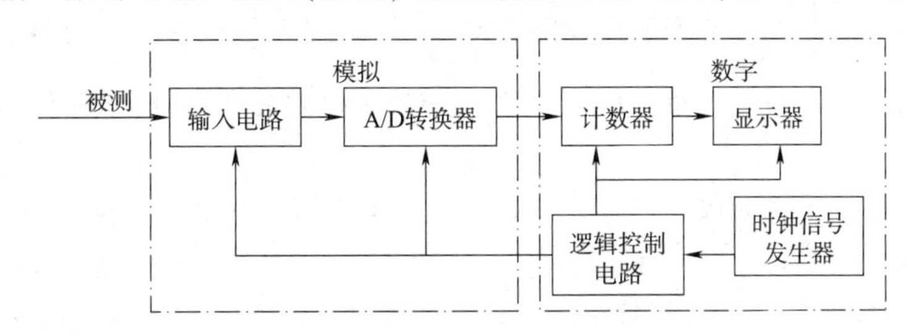

图 4-2　数字电压表组成原理框图

直流数字电压表的被测电压为直流或缓慢变化的信号,通常采用低速的 A/D 转换器。若通过 AC/DC 输入变换电路,也可测量交流电压的有效值、平均值、峰值等,构成交流数字电压表。

如果输入电路进一步扩展电流/电压、阻抗/电压等变换功能,则可构成数字万用表(Digital Multi Meter,DMM)。

2. 数字电压表的分类

数字电压表的分类主要是按 A/D 变换的不同方法划分的,自从 20 世纪 50 年代初期数字电压表问世以来,已经发展了许多种实现 A/D 变换的方法。总结起来,这些方法可归纳为两大类:积分式和非积分式。两大类 A/D 变换的方法也是逐步发展的,下面提供的各种方法虽然不能包括所有的方法,但也可以看出数字电压表发展的一个概况,这些方法基本上是按提出的时间排列的。

①非积分式:斜波电压(锯齿波、阶梯波)式、比较式(逐次逼近、并行比较)等。

②积分式:双积分式、三斜积分式、脉冲调宽(PWM)式、电压-频率(U-F)式等。

3. 非积分式 DVM

(1)逐次逼近比较式 DVM

逐次逼近比较式 DVM 的基本原理是将被测电压 U_x 和可变的已知电压(基准电压)进行逐次比较,最终逼近被测电压,即采用了一种“对分搜索”的方法,逐步缩小 U_x 未知范围,测出被测电压。所谓逐次逼近比较式,就是将基准电压分成若干基准码,未知电压按指令与最大的一个码(通过 D/A 变换)比较,逐次减小,比较时大者弃,小者留,直至逼近被测电压。下面说明搜索原理和逐次逼近过程。

假设基准电压为 $U_r=10$ V,为便于对分搜索,可将其分解成一系列不同的标准值

$$U_r=\frac{1}{2}U_r+\frac{1}{4}U_r+\frac{1}{8}U_r+\cdots+\frac{1}{2^n}U_r=5\text{ V}+2.5\text{ V}+1.25\text{ V}+\cdots=10\text{ V}$$

上式说明,若把 U_r 不断细分(每次去上一次的一半)至足够小的量,便可无限逼近。当只取有限的项数时,则项数的多少决定了其逼近的程度。如上式中取前 4 项,则

$$U_r\approx5\text{ V}+2.5\text{ V}+1.25\text{ V}+0.625\text{ V}=9.375\text{ V}$$

其逼近的最大绝对误差为 $\Delta U=9.375\text{ V}-10\text{ V}=-0.625\text{ V}$,最大误差的绝对值相当于最后一项的值。

对于测量 $U_x<U_r$ 的电压,U_x 分别与$\frac{1}{2}U_r,\frac{1}{4}U_r,\frac{1}{8}U_r,\cdots$比较,比较时采用大者弃,小者留的原则,最后逼近被测电压。

逐次逼近比较式的 A/D 转换过程,类似于天平称重的过程。对于测量 $W_x<W$ 的重量,我们可把 W 分成$\frac{1}{2}W,\frac{1}{4}W,\frac{1}{8}W$等若干个标准码。$W_x$ 分别与$\frac{1}{2}W,\frac{1}{4}W,\frac{1}{8}W$等比较,比较时采用大者弃,小者留的原则,来逼近被测重量。U_r 的各分项相当于提供的有限“电子砝码”,而 U_x 是被称量的电压量。

逐步地添加或移去电子砝码的过程完全类同于称重中的加减砝码的过程,而称重结果的准确度取决于所用的最小砝码。

图 4-3 为逐次逼近比较式 A/D 转换器原理框图。图中,SAR(Successive Approximation Register)为逐次逼近移位寄存器,SAR 在时钟 CLK 作用下,每来一个时钟进行一次移位,其输出(数字量)将送到 D/A 转换器,D/A 转换结果再与 U_x 比较,比较器的输出(0 或 1)将决定 SAR 相应位的留或舍。D/A 转换器的位数 n 与 SAR 的位数相同,也就是 A/D 转换器的位数,SAR 的最后输出即是 A/D 转换结果。

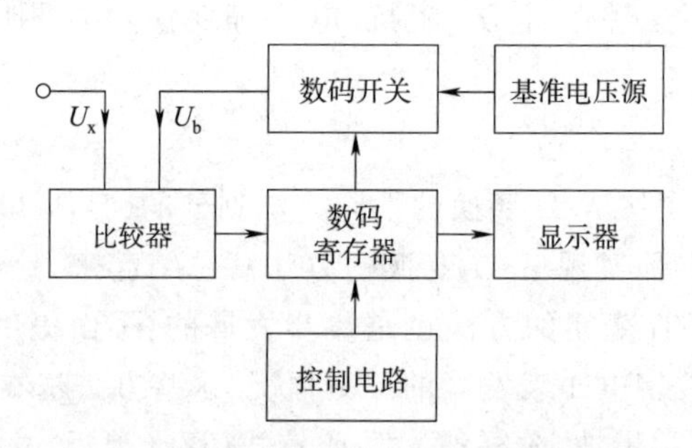

图 4-3　逐次逼近比较式 A/D 转换器原理框图

若基准电压满度值为 $U_r=10$ V,被测电压 $U_x=3.285$ V,下面以一个 6 位 A/D 变换器来说明图 4-3 电路完成一次 A/D 变换的全过程。

起始脉冲使 A/D 变换过程开始。第一个时钟脉冲使 SAR 的最高位(MSB),即 2^{-1} 位置于“1”,SAR 输出一个基准码$(100000)_2$,经 D/A 转换器输出基准电压 $U_{r1}=2^{-1}U_r=5.000$ V,后者加到比较器,这正如在天平中将一个(1/2)W 的标准法码放到测量盘中一样,故 U_{r1} 有“电压砝码”之称。由于 $U_{r1}>U_x$,则比较器输出为低电平“0”,所以当第二个时钟脉冲到来时,2^{-1} 位将回到“0”,

这就是“大者弃”。

第二个时钟脉冲到来时，SAR 的 2^{-1}位回到“0”的同时，其下一位(2^{-2})被置于“1”，故 SAR 输出的基准码为$(010000)_2$，经 D/A 转换器输出一个电压砝码 $U_{r2}=(0+2^{-2})U_r=2.500\ V$，后者加到比较器，这一次由于 $U_{r2}<U_x$，则比较器输出为高电平“1”，所以当第三个时钟脉冲到来时，SAR 的 2^{-2}位保留在“1”，这就是“小者留”。

第三个时钟脉冲到来时，SAR 的 2^{-2}位保留在“1”的同时，其下一位(2^{-3})被置于“1”，这时 SAR 输出的基准码为$(011000)_2$，经 D/A 转换器输出为 $U_{r3}=(0+2^{-2}+2^{-3})U_r=3.750\ V$，后者加到比较器，这一次由于 $U_{r3}>U_x$，则比较器输出为低电平“0”，所以当第四个时钟脉冲到来时，SAR 的 2^{-3}位返回到“0”，这就是“大者弃”。

第四个时钟脉冲到来时，SAR 的 2^{-3}位回到“0”的同时，其下一位(2^{-4})被置于“1”，故 SAR 输出的基准码为$(010100)_2$，经 D/A 转换器输出一个电压基准码为 $U_{r4}=(0+2^{-2}+0+2^{-4})U_r=\left(0+\frac{1}{4}+0+\frac{1}{16}\right)U_r=3.125\ V$，后者加到比较器，这一次由于 $U_{r4}<U_x$，则比较器输出为高电平“1”，所以当第五个时钟脉冲到来时，SAR 的 2^{-4}位保留在“1”，这就是“小者留”。

同样，第五个时钟脉冲到来时，SAR 输出的基准码为$(010110)_2$，得 $U_{r5}=3.437\ V$，由于 $U_{r5}>U_x$，当第六个时钟脉冲到来时，SAR 的 2^{-5}位返回到“0”。

最后，当第六个时钟脉冲到来时，SAR 输出的基准码为$(010101)_2$，得 $U_{r6}=3.281\ V$，由于 $U_{r6}<U_x$，则比较器输出为高电平“1”，所以 SAR 的最低位(LSB)保留在“1”。

经过以上六次比较之后，最后 SAR 的输出为$(010101)_2$(或 3.281 V)，这就是最终得到的 A/D 变换器的输出数据。SAR 的输出数据送经译码器，然后以十进制数显示被测结果。

从以上讨论过程可以看出，由于 D/A 转换器输出的基准电压是量化的，因此，最后变换的结果为 3.281 V，其测量误差为 $\Delta U=3.281-3.285=-0.004\ V$，这就是 D/A 转换的量化误差。

显然，上述转换过程中 U_r 的分项越多，则逼近结果越接近 U_x，即量化误差越小。逐次逼近比较式 A/D 变换器的准确度，由基准电压、D/A 转换器、比较器的漂移等决定，其变换时间与输入电压大小无关，仅由其输出数码的位数(比特数)和钟频决定。这种 A/D 变换器能兼顾速度、准确度和成本三个方面的要求。逐次比较式 A/D 变换器已单片集成化，常见的产品有 8 位的 AD0809、12 位的 AD1210 和 16 位的 AD7805 等。

(2)单斜式 DVM

图 4-4 和图 4-5 所示为单斜式 DVM 的原理框图和波形图。它的 A/D 变换部分实质上是一个典型的非积分 *V-T*(电压-时间)式 A/D 变换器，斜波电压发生器是这种 DVM 的核心部分，它产生线性十分良好的斜波电压，斜波电压变化范围从 +12 V 到 −12 V(以 DVM 的基本量程是 10.00 V 为例)，斜波电压分别接到两个比较器：输入比较器和接地(0V)比较器。

其工作原理是，斜波发生器产生的斜波电压分别与输入为 U_x 的比较器和接地(0 V)比较器比较，两个比较器的输出触发双稳态触发器，得到时间间隔为 T 的门控信号，由计数器通过对门控时间间隔内的时钟信号进行脉冲计数，即可测得时间 T，即 $T=NT_0$，其中，T_0 为时钟信号周期，N 为计数值，它表示了 A/D 转换的数字量结果。被测量 U_x 正比于时间间隔 T，也正比于所计数值 N，即

$$U_x=kT=kT_0N \tag{4-9}$$

式中,k 为斜波电压的斜率,单位为 V/s。

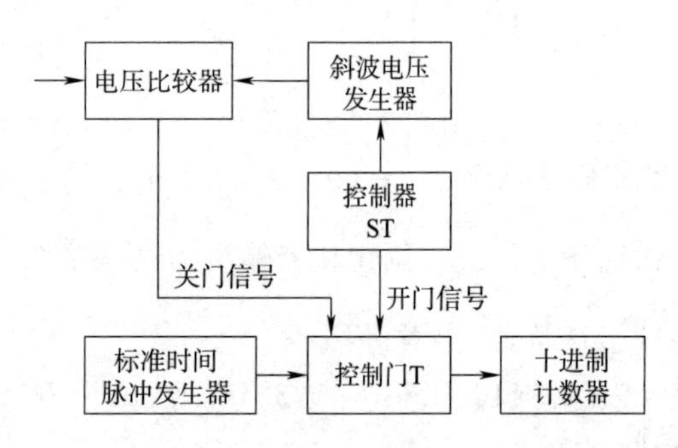

图 4-4 单斜式 DVM 的原理框图

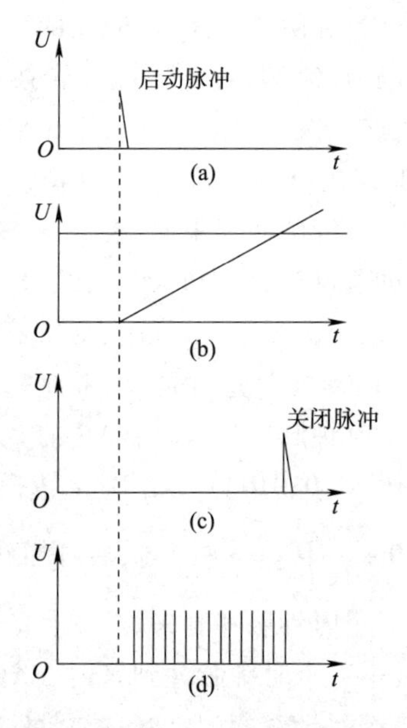

图 4-5 单斜式 DVM 的波形图

斜波电压通常是由积分器对一个标准电压 U_r 积分产生,斜率为

$$k=\frac{-U_r}{RC} \tag{4-10}$$

式中,R、C 分别为积分电阻和电容。

将式(4-9)代入式(4-10)得

$$U_x=\frac{-U_r}{RC}T_0N=eN \tag{4-11}$$

式中,$e=\frac{-U_r}{RC}T_0$ 为定值,即刻度系数。于是,$U_x \propto N$,因此,可用计数结果的数字量 N 表示输入电压 U_x。

【例 4-1】 某斜波式 DVM,4 位数字读出,已知基本量程为 10 V,斜波发生器的斜率为 10 V/50 ms。试计算时钟信号频率,若计数值 $N=6\ 223$,则被测电压值是多少?

解:由 4 位数字读出,可知该 DVM 计数器的最大计数值为 9 999;满量程为 10 V,可知该 DVM 的 A/D 转换器允许输入的最大电压为 10 V;斜波发生器的斜率为 10 V/50 ms,则在满量程 10 V 时,所需的 A/D 转换时间即门控时间 T 为 50 ms,即在 50 ms 内计数器所计的脉冲个数为 10 000(最大计数值为 9 999)。于是,时钟信号频率为

$$f_0=\frac{10\ 000}{50\ \text{ms}}=200\ \text{kHz}$$

现若计数值 $N=6\ 223$,则门控时间

$$T=NT_0=\frac{N}{f_0}=\frac{6\ 223}{200\ \text{kHz}}=31.115\ \text{ms}$$

又由斜率 $k=10$ V/50 ms,即可得被测电压为

$$U_x = kT = \frac{10\ \text{V}}{50\ \text{ms}} \times 31.115\ \text{ms} = 6.2223\ \text{V}$$

显然,计数值即表示了被测电压的数值,而显示的小数点位置与选用的量程有关。

用斜波电压技术的 DVM 所能达到的测量准确度,取决于斜波电压的线性及其绝对斜率稳定性,以及时间测量的准确度。此外,比较器的稳定性(漂移)和死区电压也是影响测量误差的重要因素。斜波式 DVM 的转换时间取决于门控时间 T,由于门控时间取决于斜波电压的斜率,并与被测电压值有关,所以,在满量程时,转换时间最长。

斜波电压式 DVM 的特点是:线路简单,成本低廉,但测量的稳定性和准确度较差,在测量的准确度要求不太高(如 1%)的数字多用表中还在广泛使用。

4. 积分式 DVM

双积分式 DVM 又称双斜式积分 DVM,其特点是在一次测量过程中用同一积分器先后进行两次积分。首先对被测电压 U_x 定时积分,然后对参考电压 U_r 定值积分,通过两次积分过程的比较,将 U_x 变换成与之成正比的时间间隔。所以,这种电压表的 A/D 变换属于 U-T 变换。图 4-6 和图 4-7 所示为双积分式 DVM 的原理框图和积分波形图。它包括积分器、过零比较器、计数器及逻辑控制电路等,其工作过程如下。

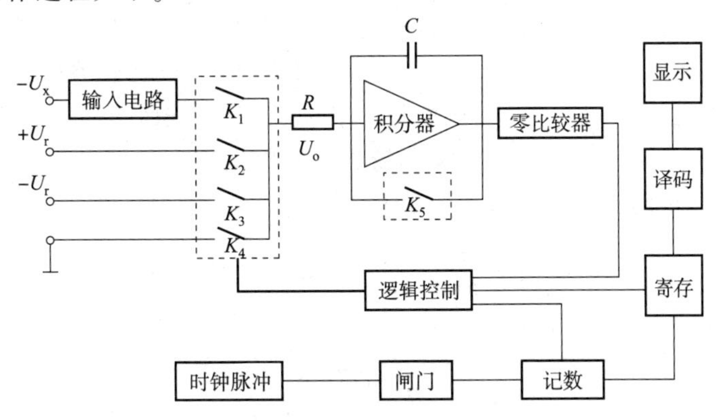

图 4-6　双积分式 DVM 的原理框图

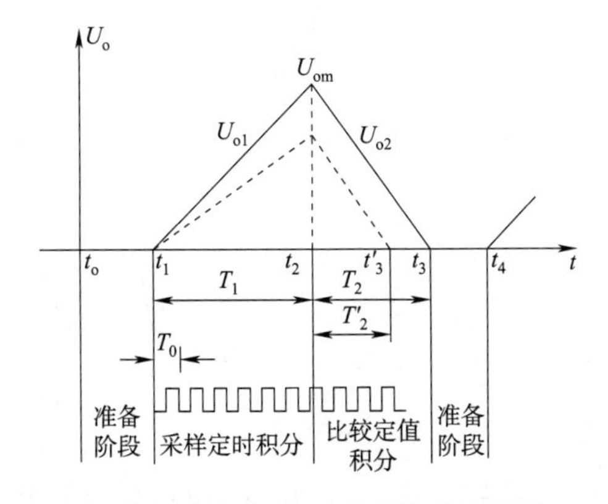

图 4-7　双积分式 DVM 的积分波形图

①复零阶段($t_0 \sim t_1$)。t_0 时刻,逻辑控制器发出清零指令,开关接通,积分电容 C 被短接使积分器输出电压 $u_0 = 0$,同时使计数器复零。

②对被测电压定时积分($t_1 \sim t_2$)。t_1 时刻,采样阶段开始,逻辑控制器发出采样指令,开关接通被测电压 U_x,断开,这时积分器开始对 U_x 积分。若 U_x 为正,则积分器输出电压 u_o 从零开始线性负向增长。一旦 u_o 小于 0,比较器输出从低电平跳到高电平,打开主门,时钟脉冲通过主门,同时计数器开始计数(计时)。当经过规定的时间 T_1,即到达 $t = t_2$ 时,计数器溢出,并复零。

溢出脉冲使逻辑控制器输出一个控制指令,使开关接通参考电压 $-U_r$,采样阶段宣告结束,此时,积分器输出 u_o 达到最大 U_{om},即

$$U_{om} = -\frac{1}{RC}\int_{t_1}^{t_2} U_x \mathrm{d}t = -\frac{T_1}{RC}U_x \tag{4-12}$$

式中,积分时间 T_1 为定值,所以,U_{om}与 U_x 成正比。

若被测直流电压 U_x 受到串模电压 u_{sm}的干扰,即加到积分器的输入电压为

$$u_x = -(U_x + u_{sm})$$

则

$$U_{om} = -\frac{1}{RC}\int_{t_1}^{t_2} u_x \mathrm{d}t = -\frac{T_1}{RC}\overline{u}_x \tag{4-13}$$

从式(4-13)可知,U_{om}与 $\overline{u}_x$ 成正比,即正比于输入电压的平均值,这样,串模干扰电压将由于取平均而大大减小了对测量结果的影响,从而提高了积分式 DVM 的抗干扰能力。

③对参考电压反向定值积分($t_2 \sim t_3$)。t_2 时刻开始为比较阶段,开关接通负的参考电压 $-U_r$,断开。则积分器输出电压 u_o 从 U_{om}开始线性正向增长(与 U_x 的积分方向相反),同时,计数器继续(从零开始)计数,设 t_3 时刻到达零点,过零比较器从高电平跃变到低电平,主门关闭,计数停止。此阶段,积分器经历的反向积分时间为 T_2,则有

$$0 = U_{om} - \frac{1}{RC}\int_{t_2}^{t_3}(-U_r)\mathrm{d}t = U_{om} + \frac{T_2}{RC}U_r \tag{4-14}$$

将式(4-13)代入式(4-14),可得

$$T_2 = \frac{T_1}{U_r}U_x \tag{4-15}$$

或可写成

$$U_x = \frac{T_2}{T_1}U_r \tag{4-16}$$

由于 T_1、T_2 是通过对同一时钟信号计数得到,设计数值分别为 N_1、N_2,即 $T_1 = N_1T_0$,$T_2 = N_2T_0$,于是式(5-22)可写成

$$U_x = \frac{N_2}{N_1}U_r = eN_2\left(e = \frac{U_r}{N_1}\right) \tag{4-17}$$

或

$$N_2 = \frac{N_1}{U_r}U_x \tag{4-18}$$

式中,e 为刻度系数(V/字),N_2 是计数器在参考电压反向积分时对时钟信号的计数结果,即双积分 A/D 转换结果,它表示了被测电压 U_x 的大小。

因为采样时间 T_1 为定值,而 U_r 为基准电压,故 T_2 正比于 U_x,实际上,在比较阶段计数器计得的数 N_2 正比于 U_x,适当地选择时钟脉冲的周期,计数器上的数可直接以电压为单位显示出被测

电压。

这种 U-T 变换器的变换结果与积分器的 R、C 元件无关,因为二次积分都用同一个积分器,故积分器的不稳定性可得到补偿。所以采用双斜式 U-T 变换器的 DVM,可以在对积分元件 R、C 准确度要求不高的情况下,得到高的测量准确度。

从式(4-18)可知,该 DVM 的测量误差主要取决于计数器的误差和参考电压 U_r 的准确度,而与时钟源的频率准确度无关,这是由于 T_1 和 T_2 是用同一个时钟源提供的时钟脉冲来计数的,所以,U_x 只与比值 T_2/T_1 有关,而不取决于 T_1 和 T_2 本身的绝对大小。由于参考电压 U_r 的准确度和稳定性直接影响 A/D 转换结果,故需采用精密基准电压源。例如,一个 16 位的 A/D 转换器,其分辨率 $1\text{LSB}=1/2^{16}=1/65\ 536\approx 15\times 10^{-6}$,那么,要求基准电压的稳定性(主要为温度漂移)优于 15×10^{-6}(即百万分之十五)。

综上所述,双斜式 DVM 具有抗干扰(串模)能力强,用较少的精密元件可以达到较高的指标,从 20 世纪 60 年代问世以来就显示出了它的生命力,直至目前仍在准确度较高的 DVM 中得到普遍使用。双斜式 DVM 的缺点与所有其他积分式 DVM 一样,是测量速率较低。

双斜式 A/D 转换器是 A/D 转换器件的一个大类,应用中有许多单片集成 A/D 转换器可供选择,如常用的 ICL7106(16 位)、ICL7135(4 位半)、ICL7109(12 位)及 MC14433 等。许多常用的手持式数字多用表是基于双积分式 A/D 转换器设计的。

5. DVM 主要性能指标

(1)显示位数

DVM 的显示位分为完整显示位和非完整显示位。一般的显示位均能够显示 0~9 的十个数字,而在最高位上,可以采用只能显示 0 和 1 的非完整显示位,俗称半位。例如,4 位显示即是指 DVM 具有 4 位完整显示位,其最大显示数字为 9 999,而 $4\dfrac{1}{2}$位(4 位半)指 DVM 具有 4 位完整显示位和 1 位非完整显示位,其最大显示数字为 19 999。

(2)量程

DVM 的量程分为基本量程和扩展量程。DVM 的量程是按输入被测电压范围划分,而由 A/D 转换器的输入电压范围确定 DVM 的基本量程。在基本量程上,输入电路不需对被测电压进行放大或衰减,便可直接进行 A/D 转换。DVM 在基本量程基础上,再通过输入电路对输入电压按 10 倍放大或衰减,扩展出其他量程。例如,基本量程为 10 V 的 DVM,可扩展出 0.1 V、1 V、10 V、100 V、1 000 V 五挡量程;基本量程为 2 V 或 20 V 的 DVM,则可扩展出 200 mV、2 V、20 V、200 V、1 000 V 五挡量程。

(3)超量程能力

超量程能力是 DVM 的重要特性,举例说明:用一台 5 位 DVM 测一个电压值为 10.000 1 V 的直流电压,若置于满量程为 10 V 挡,即最大显示为 9.999 9 V,很明显计数将溢出(因为无超量程能力),若这时自动转换到 100 V 挡,则显示 10.000 V,可见被测电压最后一位数将丢失,即对 0.000 1 V(0.1 mV)无法分辨。具有超量程能力的 DVM,有一附加首位,当被测电压超过量程时,这一位显示 1,即在 10 V 挡全部显示为 10.000 1 V。

对于具有附加首位的 DVM,是否具有超量程能力有下面两种情况:第一种情况,若 DVM 的基本量程为 1 V 或 10 V。那么带有 1/2 位的 DVM,表示具有超量程能力。例如,在 10.000 V 量程上计数器最大显示为 9.999 V,很明显这是一台 4 位 DVM,无超量程能力,即计数大于 9 999 即溢出。

另一台 DVM,在 10.000 V 量程上,最大显示为 19.999 V,即其首位只能显示 0 或 1,这一位不应与完整位混淆,它反映有超量程能力(最大计数可超过量程)。第二种情况是,基本量程不为 1 V或 10 V,其首位肯定不是完整显示位,但是无超量程能力。例如,一台基本量程为 2 V 的 DVM,在基本量程上的最大显示为 1.999 9 V,但无超量程能力。

(4)分辨力

分辨力指 DVM 能够分辨最小电压变化量的能力,在数字电压表中,通常用每个字对应的电压值来表示,即 V/字。例如,$3\frac{1}{2}$位的 DVM,在 200 mV 量程上,可以测量的最大输入电压为199.9 mV,其分辨力为 0.1 mV/字,即当输入电压变化 0.1 mV 时,显示的末尾数字将变化“1 个字”。

或者说,当输入电压变化量小于 0.1 mV 时,则测量结果的显示值不会发生变化,而为使显示值“跳变”1 个字,所需电压变化量为 0.1 mV,即 0.1 mV/字。在 DVM 中,每个字对应的电压量也可用“刻度系数”表示。显然,在不同的量程上能分辨的最小电压变化的能力是不同的,DVM 的分辨力一般指最小量程上能分辨的最小电压变化的能力。

(5)测量速度

DVM 的测量速度用每秒完成的测量次数来表示。它直接取决于 A/D 转换器的转换速度,一般低速高精度的 DVM 测量速度在每秒几次至每秒几十次。

(6)测量准确度

主要包括 DVM 的刻度系数误差和非线性误差。刻度系数理论上是常数,但由于 DVM 输入电路的传输系数(如放大器增益)的漂移,以及 A/D 转换器采用的参考电压的不稳定性,都将引起刻度系数误差。非线性误差则主要由输入电路和 A/D 转换器的非线性引起。满度误差项与读数无关,只与当前选用的量程有关。它主要由 A/D 转换器的量化误差、DVM 的零点漂移、内部噪声等引起。当被测量(读数值)很小时,满度误差起主要作用,当被测量较大时,读数误差起主要作用。

为了减小满度误差的影响,在测量过程中,应合理选择量程,尽量使被测量大于满量程的 2/3 以上,这和模拟电压测量的原理是一样的。

(7)输入阻抗

输入阻抗取决于输入电路,并与量程有关。输入阻抗越大越好,否则将对测量准确度产生影响。对于直流 DVM,输入阻抗用输入电阻表示,一般在 10 ~ 1 000 MΩ。

对于交流 DVM,输入阻抗用输入电阻和并联电容表示,电容值一般在几十到几百 pF 之间。

(8)DVM 的抗干扰能力

所有电压测量仪器都有一个抗干扰问题,对 DVM 更为重要,因为 DVM 的灵敏度极高(一般可达 1 μV,高的达 1 nV),而且测量准确度远高于模拟电压表(直流可达 10^{-6} ~ 10^{-5}量级),因此干扰对测量准确度的影响就尤为突出。

为了防止干扰,仪器的测试线都应该屏蔽,需要考虑一个接“地”问题。作为一个例子,一个两输入端的测量仪器(大多数模拟电压表属于这一类),测试线的屏蔽层接“地”(仪器机壳),这样,当被测电压源的“地”和电压表的“地”之间存在干扰时,将产生环路地电流,并在测试线上产生电压降,这个电压降将与被测电压 U_x 串联在一起加到电压表输入端,从而产生测量误差。对模拟电压表,由于灵敏度不高,与 U_x 相比,干扰对测量结果的影响可以忽略,但对 DVM 则不然,必须考虑干扰的影响。

二、数字万用表

如前所述,电压的测量是最基本的测量。在电压测量的基础上,加适当的电路,用 DVM 还可以完成对其他参量的测量,如交流电压、电流的测量,电阻的测量,甚至温度、压力等非电量的测量。对这些参量的测量都是在直流数字电压测量的基础上实现的,与此相应的仪器称为数字万用表(Digital Multi Meter,DMM),其组成框图如图 4-8 所示。

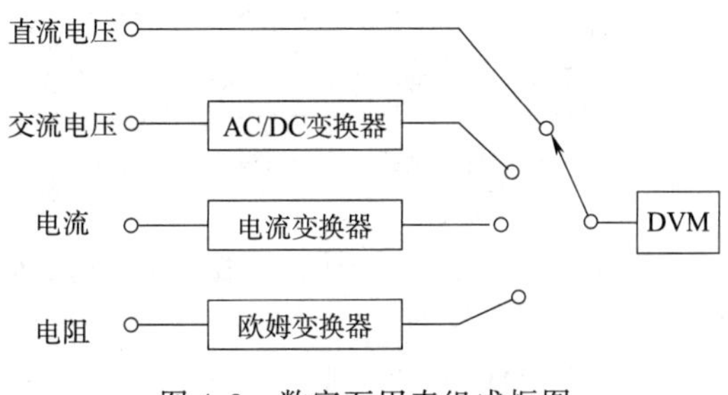

图 4-8 数字万用表组成框图

在该图中,对于交流电压的测量,是先通过 AC/DC 变换器将交流电压变为直流电压;对于电流的测量,是先通过 I/U 变换器将电流变为直流电压;而 Z/U 是将电阻、电容、电感变为直流电压,然后再用 DMM 技术对这些直流电压进行测量。

1. I/U 变换

I/U 变换有多种方法,一种变换方法是基于欧姆定律的电流-电压(I/U)变换,即将被测电流通过一个已知的采样电阻,通过测量采样电阻两端的电压,即可得到被测电流。为了实现不同量程的电流测量,可选择不同的采样电阻,如图 4-9 所示。图中,假如变换后采用的电压量程为 200 mV,则通过量程开关选择采样电阻分别为 1 kΩ、100 Ω、10 Ω、1 Ω、0.1 Ω,便可测量 200 μA、2 mA、20 mA、200 mA、2 A 的满量程电流。

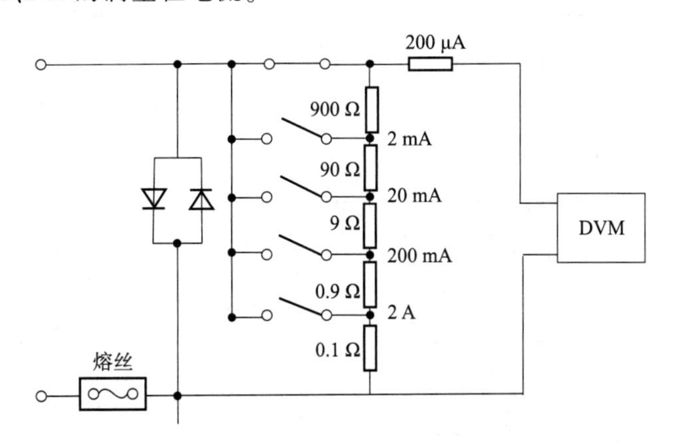

图 4-9 电流-电压(I/U)变换

2. Z/U 变换

同样地,基于欧姆定律即可实现阻抗-电压(Z/U)变换。对于纯电阻,可用一个恒流源流过被测电阻，通过测量被测电阻两端电压，即可得到被测电阻阻值。而对于电感、电容参数的测量，则需要采用交流参考电压，并将实部和虚部分离后分别测量得到。

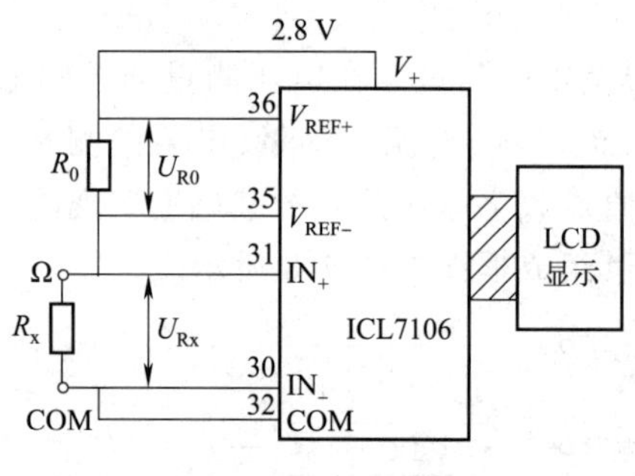

图 4-10　Z/U 变换

图 4-10 所示为数字万用表直流电阻测量原理图，图中标准电阻 R_o 与待测电阻 R_x 串联后接在基本表的 V_+ 和 COM 之间。

V_+ 和 V_{REF-}、V_{REF-} 和 IN_+、IN_- 和 COM 两两接通，用基本表的 2.8 V 基准电压向 R_o 和 R_x 供电。其中 U_{R0} 为基准电压，U_{Rx} 为输入电压。只要固定若干个标准电阻 R_o，就可实现多量程电阻测量。

任务实施

本任务建议分组完成，每组 4 ~5 人（包括组长 1 人），组内成员分别独自完成知识链接相关知识的学习，组长根据成员的学习情况进行分工，各成员根据分工通过分头查阅资料，参加小组讨论，完成相应的工作。

①学习相关知识，分解任务进行小组分工。

任务分工表

任务名称				
小组名称			组长	
小组成员	姓名		学号	
	姓名		学号	
	姓名		学号	
	姓名		学号	
	姓名		学号	
小组分工	姓名	完成任务		

②数字万用表的使用方法。

- UC890C 数字万用表面板说明,如图 4-11 所示(20 分)。

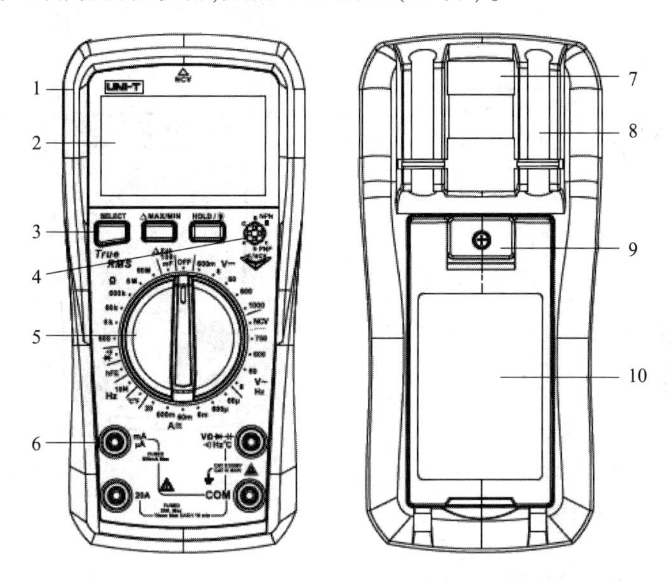

图 4-11　UC890C 数字万用表前后面板图

1—保护套;2—LCD 显示屏;3—功能按键;4—三极管测量四脚插孔;5—量程开关;
6—测量输入端口;7—挂带勾;8—表笔定位架;9—电池盖;10—支架

前面板量程开关中图标为:

Ω:电阻挡,分 200 Ω、2 kΩ、20 kΩ、2 MΩ、20 MΩ 五挡;

V ~ :交流电压挡,分 2 V、20 V、200 V、750 V 四挡;

V - :直流电压挡,分 200 mV、2 V、20 V、200 V、1 000 V 五挡;

A - :直流电流挡,分 200 μA、2 mA、20 mA、200 mA、20 A 五挡;

A ~ :交流电流挡,分 200 mA、20 A 两挡;

•))):二极管测量,通断测量。

- 电路通断测试(20 分)。

a. 连接和量程开关如图 4-12 所示。

b. 将红表笔插入“VΩ”插孔,黑表笔插入“COM”插孔,表笔接在被测物体两端金属部位。

c. 量程开关置于二极管与蜂鸣通断测量挡。

d. 当测试电路阻值小于 10 Ω,蜂鸣器发声。

- 直流电压与交流电压的测量(20 分)。

a. 连接和量程开关如图 4-13 所示。

b. 将红表笔插入“VΩ”插孔,黑表笔插入“COM”插孔,表笔接在被测物体两端金属部位。

c. 开关置于 V ~ 交流电压挡或 V - 直流电压挡;

d. 数值可以直接从显示屏上读取,若显示为“1. ”,则表明量程太小,那么就要加大量程后再测量。如果在数值左边出现“ - ”,则表明表笔极性与实际电源极性相反,此时红表笔接的是负极。

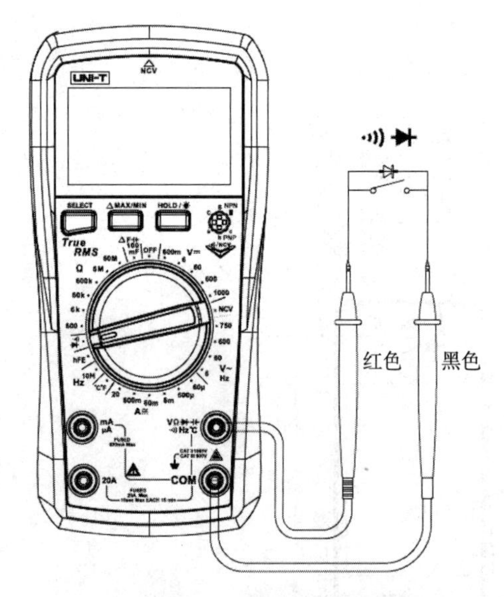

图 4-12　电路通断测试连接图

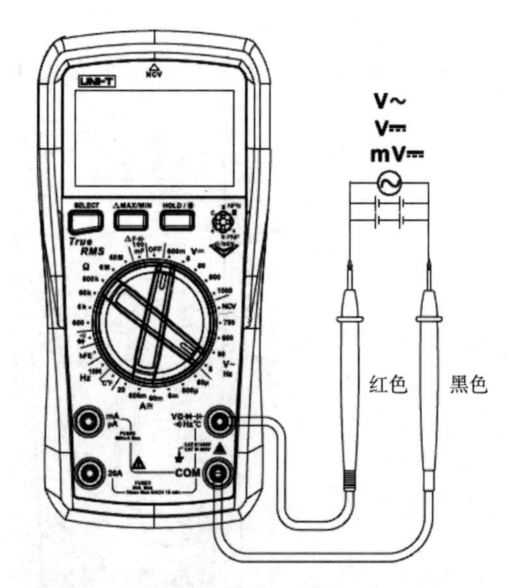

图 4-13　电压测试连接图

- 交流电流和直流电流测试(20 分)。

a. 连接和量程开关如图 4-14 所示。

b. 将红表笔插入“A”或“mA”插孔,黑表笔插入“COM”插孔,表笔接在被测物体两端金属部位。

c. 开关置于 A ~ 交流电流挡或 A - 直流电流挡。

d. 数值可以直接从显示屏上读取,若显示为“1. ”,则表明量程太小,那么就要加大量程后再测量。

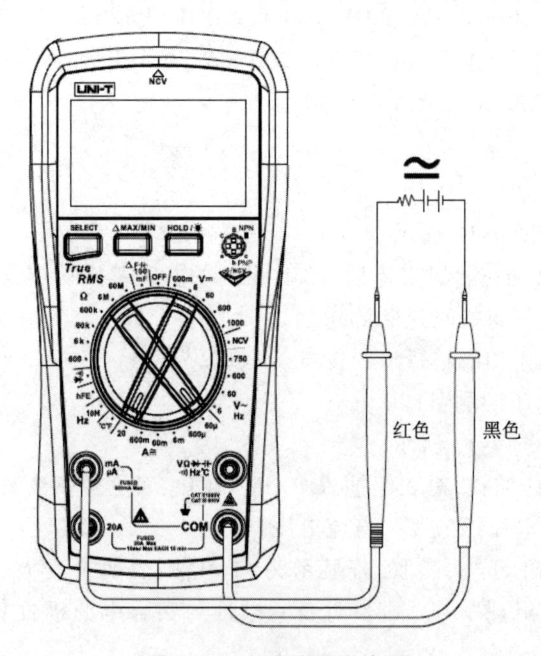

图 4-14　电流测试连接图

- 电阻测试(20 分)。

a. 连接和量程开关如图 4-15 所示。

b. 将红表笔插入“VΩ”插孔,黑表笔插入“COM”插孔,表笔接在被测物体两端金属部位。

c. 开关置于 Ω 挡。

d. 数值可以直接从显示屏上读取,若显示为“1.”,则表明量程太小,那么就要加大量程后再测量。

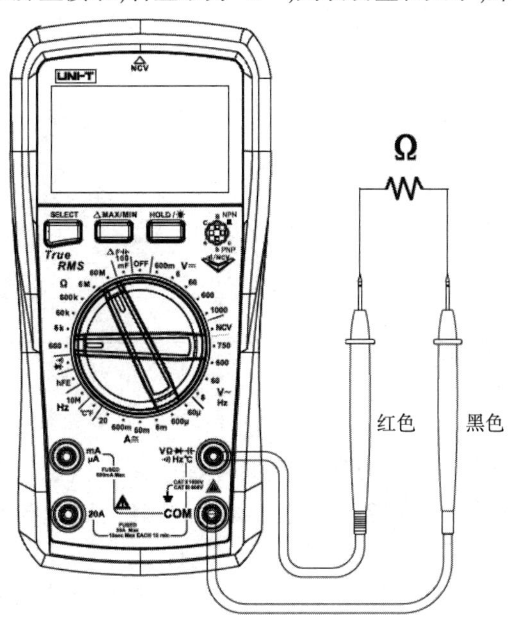

图 4-15 电阻测试连接图

任务测评

教师引导学生对任务进行分析和讨论,针对任务反映的问题,根据各组提出解决方法,作简短的点评或补充性、提高性的总结,并指导各组进行组内互评,最后完成总体评价。

组内互评表

任务名称						
小组名称						
评价标准	如任务实施所示,共 100 分					
序号	分值	组内互评(下行填写评价人姓名、学号)				平均分
1	20					
2	20					
3	20					
4	20					
5	20					
总 分						

任务评价总表

任务名称						
小组名称						
评价标准	如任务实施所示,共100分					
序号	分值	自我评价(50%)			教师评价(50%)	单项总分
		自评	组内互评	平均分		
1	20					
2	20					
3	20					
4	20					
5	20					
总　　分						

项目总结

本项目主要介绍了电压测量的基本概念、电压测量的基本方法、电压的三种表征方式,数字电压表的原理和数字万用表的原理等内容。通过本项目的实施,熟练掌握三种表征方式的换算、数字万用表的使用方法。

项目实训

实训1:电压的三种表征方式测试和计算

每组同学使用信号发生器产生方波、三角波和正弦波,每种波形任选5个电压波形,使用示波器分别测试和计算这个信号峰值、平均值和有效值。结果填入到测试记录表中。

测试记录表

测试人员					
仪器设备					
测试时间			测试地点		
温度			湿度		
序号	波形	V_{pp}	峰值	平均值	有效值

注意：

仪器设备安全使用，保护人身和设备安全。

测试过程准确、高效。

测试数据的读取和计算，修约间隔 10^{-1}，中间计算过程的数据处理。

测试结果由数值和单位组成，单位的填写。

实训 2：数字万用表使用

每位同学使用 30 V 的稳压直流电源产生 2 V、5 V、10 V、12 V、15 V、20 V 直流电压，使用万用表的直流电压测量功能，使用不同挡位测量这些电压，以稳压直流电源产生电压的标称值为真值，计算每个不同电压的测量绝对误差和相对误差。结果填入测试记录表。

测试人员				
仪器设备				
测试时间		测试地点		
温度		湿度		
序号	电压标称值	测量值	绝对误差	相对误差

注意：

仪器设备安全使用，保护人身和设备安全。

测试过程准确、高效。

测试数据的读取和计算，修约间隔 10^{-1}，中间计算。

过程的数据处理。

测试结果是由数值和单位组成，单位的填写。

思考与练习

1. 简述电压测量的方法与分类。

2. 表征交流电压的基本参量有哪些？简述各参量的含义。

3. 用一示波器测量某正弦波信号，已知“V/cm”置 0.5 V/cm 挡，“微调”置校正位，用 1∶10 探极引入，荧光屏上显示的信号峰-峰值高度为 5 cm，求被测信号电压幅值 U_m 和有效值 U 分别为多少。

4. 利用电压电平表测量某信号发生器的输出功率，该信号发生器输出阻抗为 50 Ω，在阻抗匹配的情况下，电压电平表读数为 10 dB，此时信号发生器的输出功率为多少？

5. 甲、乙两台 DVM，显示器显示最大值为甲：9 999，乙：19 999，问：

(1) 它们各是几位 DVM？

(2) 若乙的最小量程为 200 mV，其分辨力为多少？

(3) 若乙的工作误差为 $\pm(0.02\%U_x \pm 1)$ 个字，分别用 2 V 挡和 20 V 挡测量 $U_x = 1.56$ V 电压时，绝对误差、相对误差各为多少？

6. 一台 5 位 DVM，其准确度为 $\pm(0.01\%U_x + 0.01\%U_m)$。

(1) 计算用这台 DVM 的 1 V 量程测量 0.5 V 电压时的相对误差为多少。

(2) 若基本量程为 10 V，则其刻度系数(即每个字代表的电压量) e 为多少？

(3) 若该 DVM 的最小量程为 0.1 V，则其分辨力为多少？

项目五 测量常用基本元器件参数

项目引入

某电子产品制造公司为生产所需的常用元器件进行入厂检验，下达了要求测试人员测试电阻、电容和电感等常用元器件材料参数的任务。公司的测试人员在接到任务后按照任务的要求，根据元器件功能和指标的参数，选择合适的测量原理和合理的仪器方法，保证进厂的原料参数的准确性。

学习目标

- 能够根据元器件的功能特点选择测量原理；
- 能够根据元器件的指标参数选择测量方法；
- 能够根据测试要求设计合理测试电路；
- 能够自主搭建实际测量电路测试元器件参数。

项目实施

任务1 电桥法测量常用电子元器件参数

任务解析

电阻、电容和电感是常用电子元器件，使用电桥法测量这些元器件的参数是经常使用的方法，通过设计和制作实际电桥，了解电桥的原理，学会电桥的使用技巧。

知识链接

一、常用电子元器件

电子元器件是电子元件和小型机器、仪器的组成部分，其本身常由若干零件构成，可以在同类产品中通用；常指电器、无线电、仪表等工业零件，如电容、晶体管、游丝、发条等子器件的总称。

电子元器件包括：电阻、电容器、电位器、电子管、散热器、机电元件、连接器、半导体分立器件、电声器件、激光器件、电子显示器件、光电器件、传感器、电源、开关、微特电机、电子变压器、继电器、印制电路板、集成电路、各类电路、压电、晶体、石英、陶瓷磁性材料、印制电路用基材基板、电子功能工艺专用材料、电子胶(带)制品、电子化学材料等。

1. 电阻

电阻在电路中用“R”加数字表示，如 R_1 表示编号为1的电阻。电阻在电路中的主要作用为：分流、限流、分压、偏置等。

2. 电容

电容在电路中一般用“C”加数字表示，如 C_{13} 表示编号为13的电容。电容是由两片金属膜紧靠，中间用绝缘材料隔开而组成的元件 。电容的特性主要是隔直流通交流。

电容的容量大小表示能存储电能的大小，电容对交流信号的阻碍作用称为容抗，交流信号的频率和电容量有关。

3. 晶体二极管

晶体二极管在电路中常用“D”加数字表示，如 D_5 表示编号为5的二极管。

作用：二极管的主要特性是单向导电性，也就是在正向电压的作用下，导通电阻很小；而在反向电压作用下导通电阻极大或无穷大。

因为二极管具有上述特性，常把它用在整流、隔离、稳压、极性保护、编码控制、调频调制和静噪等电路中。

4. 电感器

电感器在电子制作中虽然使用得不多，但它们在电路中同样重要。电感器和电容器一样，也是一种储能元件，它能把电能转变为磁场能，并在磁场中存储能量。电感器用符号L表示，它的基本单位是亨利(H)，常以毫亨(mH)为单位。它经常和电容器一起工作，构成LC滤波器、LC振荡器等。另外，人们还利用电感的特性，制造了阻流圈、变压器、继电器等。

5. 组合电路

集成电路是一种采用特殊工艺，将晶体管、电阻、电容等元件集成在硅基片上而形成的具有一定功能的器件，英文缩写为 IC，俗称芯片。

模拟集成电路是指由电容、电阻、晶体管等元件集成在一起用来处理模拟信号的模拟集成电路。有许多模拟集成电路，如集成运算放大器、比较器、对数和指数放大器、模拟乘(除)法器、锁相环、电源管理芯片等。模拟集成电路的主要构成电路有：放大器、滤波器、反馈电路、基准源电路、开关电容电路等。模拟集成电路设计主要是通过有经验的设计师进行手动的电路调试，模拟而得到，与此相对应的数字集成电路设计大部分是通过使用硬件描述语言在 EDA 软件的控制下自动产生。

二、电桥法

微 课

电子元器件的测量–电桥法

电桥法又称指零法，它利用拾零电路作测量的指示器，工作频率很宽。其优点是能在很大程度上消除或削弱系统误差的影响，精度很高，可达到 10^{-4}。

1. 电桥的平衡条件

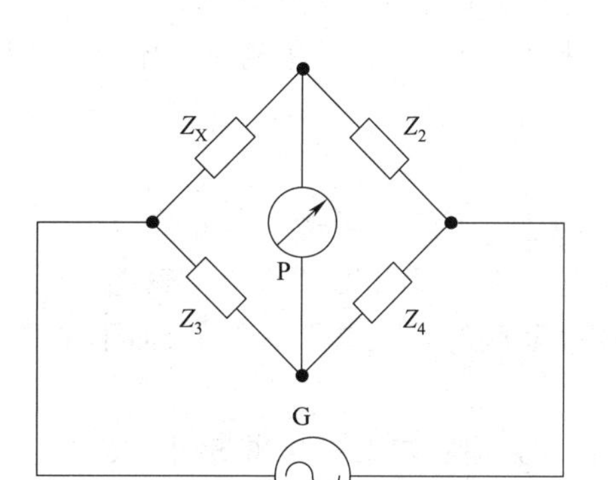

图 5-1　电桥原理图

$$Z_x Z_4 = Z_2 Z_3$$
$$|Z_x||Z_4| = |Z_2||Z_3| \quad (5\text{-}1)$$
$$\phi_x + \phi_4 = \phi_2 + \phi_3$$

式中，$|Z_x| \sim |Z_4|$ 为复数阻抗 Z_X、Z_2、Z_3、Z_4 的模；$\phi_X \sim \phi_4$ 为复数阻抗 Z_X、Z_2、Z_3、Z_4 的阻抗角。

当被测元件为电阻元件时，取 $Z_X = R_X$，$Z_2 = R_2$，$Z_3 = R_3$，$Z_4 = R_4$，为一个直流单臂电桥，且有

$$R_x = R_2 R_3 / R_4 \quad (5\text{-}2)$$

电桥法的测量误差，主要取决于各桥臂阻抗的误差以及各部分之间的屏蔽效果。另外，为保证电桥的平衡，要求信号发生器的电压和频率稳定，特别是波形失真要小。

2. 交流电桥

交流电桥是一种比较仪器，它广泛地用来测量交流等效电阻、电容、自感和互感，测量结果比较准确。常用的交流电桥电路虽然和直流单电桥电路具有同样的结构形式，但因为它的 4 个臂是阻抗，所以它的平衡条件、电路的组成以及实现平衡的调整过程都比直流电桥复杂。

图 5-2 所示为交流电桥的原理电路。它与直流单电桥原理电路相似。在交流电桥中,4 个桥臂一般是由交流电路元件,如电阻、电感、电容组成;电桥的电源通常是正弦交流电源。交流平衡指示器的种类很多,适用于不同频率范围。频率为 200 Hz 以下时可采用谐振式检流计;音频可采用耳机作为平衡指示器;音频或更高的频率时也可采用电子指零仪器,也有用电子示波器作为平衡指示器的。平衡指示器要有足够的灵敏度。指示器指零时,电桥达到平衡。

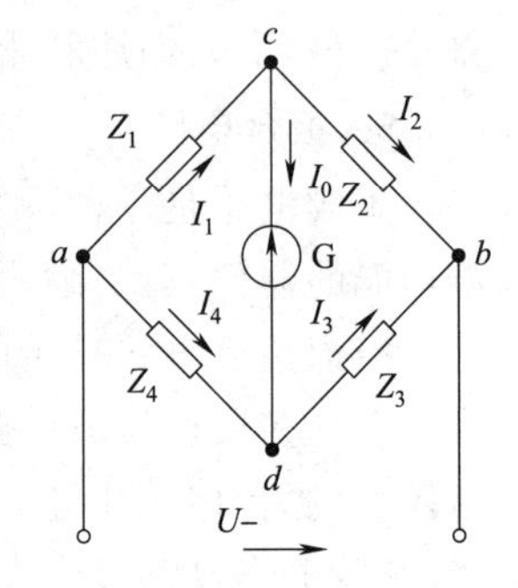

图 5-2 交流电桥

三、电阻、电容与电感的测量

1. 电阻的测量

电阻在电路中多用来进行限流、分压、分流以及阻抗匹配等,是电路中应用最多的元件之一。

电阻的参数包括标称阻值、额定功率、精度、最高工作温度、最高工作电压、噪声系数及高频特性等,主要参数为标称阻值和额定功率。其中,标称阻值是指电阻上标注的电阻值;额定功率是指电阻在一定条件下长期连续工作所允许承受的最大功率。

电阻的测量一般有用万用表测量电阻、电桥法测量电阻、伏安法测量电阻、电位器的测量、非线性电阻的测量。

(1)用万用表测量电阻

在用万用表测量电阻时应注意以下几个问题:

①要防止把双手和电阻的两个端子及万用表的两个表笔并联捏在一起,如果并联捏在一起,测量值为人体电阻与被测电阻并联后的等效电阻的阻值,而不是被测电阻的阻值,与实际值的误差会超出容许值的测量结果。

②当电阻连接在电路中时,首先应将电路的电源断开,决不允许带电测量电阻值。若电路中有电容器时,应先将电容器放电后再进行测量。若电阻两端与其他元件相连,则应断开一端后再测量,否则电阻两端连接的其他电路会造成测量结果错误。

③由于用万用表测量电阻时,万用表内部电路通过被测电阻构成回路,也就是说,测量时被测电阻中有直流电流流过,并在被测电阻两端产生一定的电压降,因此在用万用表测量电阻时应注意被测电阻所能承受的电压和电流值,以免损坏被测电阻。例如,不能用万用表直接测量微安表的表头内阻,因为这样做可能使流过表头的电流超过其承受能力(微安级)而烧坏表头。

④万用表测量电阻时不同倍率挡的零点不同,每换一挡时都应重新进行一次调零,当某一挡调节调零电位器不能使指针回到零欧姆处时,表明表内电池电压不足了,需要更换电池。

⑤由于模拟式万用表电阻挡刻度的非线性,刻度误差较大,测量误差也较大,因而模拟式万用表只能作一般性的粗略检查测量。数字式万用表测量电阻的误差比模拟万用表的误差小,但当它用以测量阻值较小的电阻时,相对误差仍然是比较大的。

(2)电桥法测量电阻

当对电阻值的测量精度要求很高时,可用电桥法进行测量。测量时,可以利用电桥,接上被测电阻 R_x,再接通电源,通过调节 R_n,使电桥平衡,即检流计指示为 0,此时,读出 R_n 值,应用式 5-2 即可求出 R_x。

(3)伏安法测量电阻

伏安法是一种间接测量法,理论依据是欧姆定律 $R=U/I$,给被测电阻施加一定的电压,所加电压应不超出被测电阻的承受能力,然后用电压表和电流表分别测出被测电阻两端的电压和流过它的电流,即可算出被测电阻的阻值。伏安法有如图 5-3 所示两种测量电路。

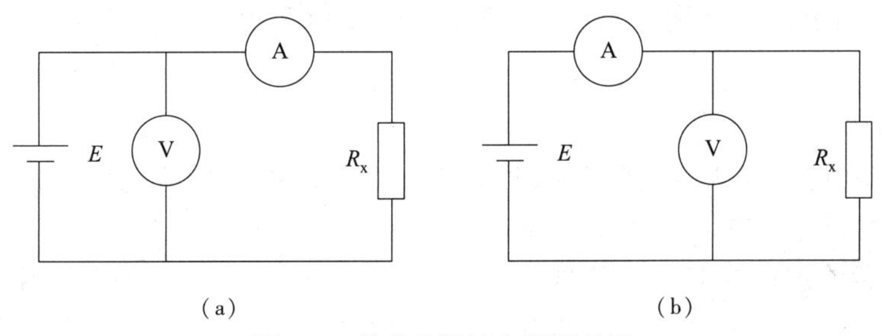

图 5-3　伏安法测试电阻原理图

图 5-3(a)所示电路称为电压表前接法,由图可见,电压表测得的电压为被测电阻 R_x 两端的电压与电流表内阻 R_A 压降之和。因此,根据欧姆定律求得的测量值

$$R_{测}=U/I_x=(U_A+U_x)/I_x=R_x+R_A>R_x \tag{5-3}$$

图 5-3(b)所示电路称为电压表后接法,由图可见,电流表测得的电流为流过被测电阻 R_x 的电流与流过电压表内阻 R_v 的电流之和,因此,根据欧姆定律求得的测量值

$$R_{测}=U/I_x=U_x/(I_v+I_x)=R_x/R_v<R_x \tag{5-4}$$

在使用伏安法时,应根据被测电阻的大小,选择合适的测量电路,如果预先无法估计被测电阻的大小,可以两个电路都试一下,看两种电路电压表和电流表的读数的差别情况,若两种电路电压表的读数差别比电流表的读数差别小,则可选择电压表前接法,即如图 5-3(a)所示电路;反之,则可选择电压表后接法,即如图 5-3(b)所示电路。

(4)电位器的测量

①万用表测量电位器。

用万用表测量电位器的方法与测量固定电阻的方法相同。先测量电位器两固定端之间的总体固定电阻,然后测量滑动端对任意一端之间的电阻值,并不断改变滑动端的位置,观察电阻值的变化情况,直到滑动端调到另一端为止。

在缓慢调节滑动端时,应滑动灵活,松紧适度,听不到咝咝的噪声,阻值指示平稳变化,没有跳变现象,否则说明滑动端接触不良,或滑动端的引出机构内部存在故障。

②示波器测量电位器的噪声。

如图 5-4 所示,给电位器两端加一适当的直流电源 E,E 的大小应不致造成电位器超功耗,最好用电池,因为电池没有纹波电压和噪声,让一恒定电流流过电位器,缓慢调节电位器的滑动端,在示波器的荧光屏上显示出一条光滑的水平亮线,随着电位器滑动端的调节,水平亮线在垂直方向移动,若水平亮线上有不规则曲毛刺出现,则表示有滑动噪声或静态噪声存在。

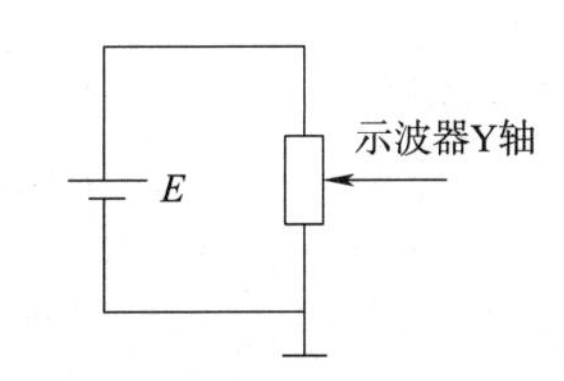

图 5-4　示波器测量电位器噪声原理图

(5)非线性电阻的测量

非线性电阻如热敏电阻、二极管的内阻等,它们的阻值与工作环境以及外加电压和电流的大小有关,一般采用专用设备测量其特性,当无专用设备时,可采用前面介绍的伏安法,测量一定直流电压下的直流电流值,然后改变电压的大小,逐点测量相应的电流,最后做出伏安特性曲线,所得电阻值只表示一定电压或电流下的直流电阻值。如果电阻值与环境温度有关时还应制造一定外界环境。

2. 电容的测量

电容器在电路中多用来滤波、隔直、耦合交流、旁路交流及与电感元件构成振荡电路等,也是电路中应用最多的元件之一。

电解电容是目前用得较多的电容器。它体积小、耐压值高,正极是金属片表面上形成的一层氧化膜,负极是液体、半液体或胶状的电解液。引脚有正、负极之分,故只能工作在直流状态下,如果极性用反,将使漏电流剧增。在此情况下,电解电容将会急剧变热而使电容损坏,甚至引起爆炸。一般厂家会在电容器的表面上标出正极或负极,新买来的电容器引脚长的一端为正极。

(1)电容的参数

电容器的参数主要有以下几项。

①标称电容量 C_R 和允许误差 δ:标注在电容器上的电容量,称为标称电容量 C_R;电容器的实际电容量与标称电容量的允许最大偏差,称为允许误差 δ。

②额定工作电压:这个电压是指在规定温度范围内,电容器能够长期可靠工作的最高电压,可分为直流工作电压和交流工作电压。

③漏电电阻和漏电电流:电容器中的介质并不是绝对的绝缘体,或多或少总有些漏电。除电解电容以外,一般电容器的漏电电流很小。显然,电容器的漏电电流越大,绝缘电阻越小。当漏电电流较大时,电容器会发热,发热严重时,会损坏电容器。

④损耗因素 D:电容器的损耗因素定义为损耗功率与存储功率之比。D 值越小,损耗越小,电容的质量越好。

(2)电容的等效电路

由于绝缘电阻和引线电感的存在,电容的实际等效电路如图 5-5(a)所示,在工作频率较低时,可以忽略引线电感的影响,简化为如图 5-5(b)所示电路。因此,电容的测量主要是电容量与电容器损耗的测量。

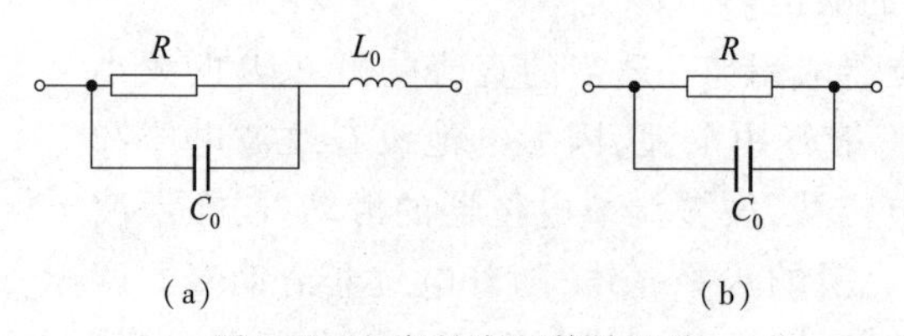

图 5-5 电容的实际等效电路

(3)用万用表估测电容

用模拟式万用表的电阻挡测量电容器,不能测出其容量和漏电阻的确切数值,更不能知道电容器所能承受的耐压,但对电容器的好坏程度能进行粗略判断,在实际工作中经常使用。

估测电容的漏电流可按万用表电阻挡测量电阻的方法来估测。黑表笔接电容器的"+"极,红表笔接电容器的"-"极,在电容与表笔相接的瞬间,表针会迅速向右偏转很大的角度,然后慢慢返回。待指针不动时,指示的电阻值越大,表示漏电流越小。若指针向右偏转后不再摆回,说明电容器已被击穿;若指针根本不向右摆动,说明电容器内部断路。

(4)交流电桥法测量电容和损耗因素

①串联电桥的测量。

在图 5-6 所示的串联电桥中,由电桥的平衡条件可得:

$$C_x = \frac{R_4}{R_3} \times C_n \tag{5-5}$$

式中,C_x 为被测电容的容量;C_n 为可调标准电容;R_3,R_4 为固定电阻。

$$R_x = \frac{R_3}{R_4} \times R_n \tag{5-6}$$

式中,R_x 为被测电容的等效串联损耗电阻;R_n 为可调标准电阻。

②并联电桥的测量。

这种电桥适用于测量损耗较大的电容器。在图 5-7 所示的并联电桥中,调节 R_n 和 C_n 使电桥平衡,有:

$$\begin{cases} C_x = \dfrac{R_4}{R_3} \times C_n \\ R_x = \dfrac{R_4}{R_3} \times R_n \\ D_x = \tan\sigma = \dfrac{1}{2\pi f R_n C_n} \end{cases} \tag{5-7}$$

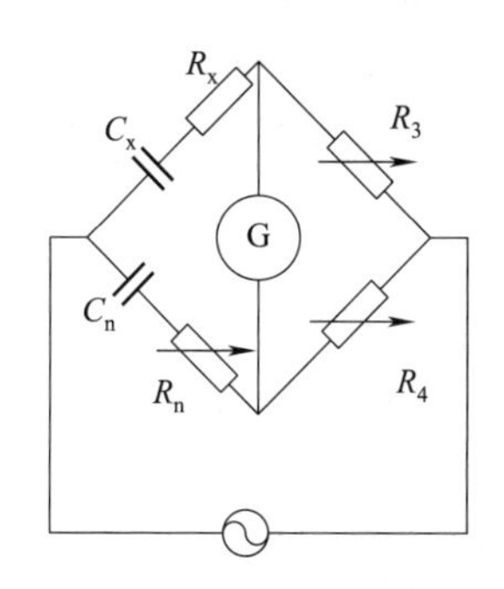

图 5-6　串联电桥电路

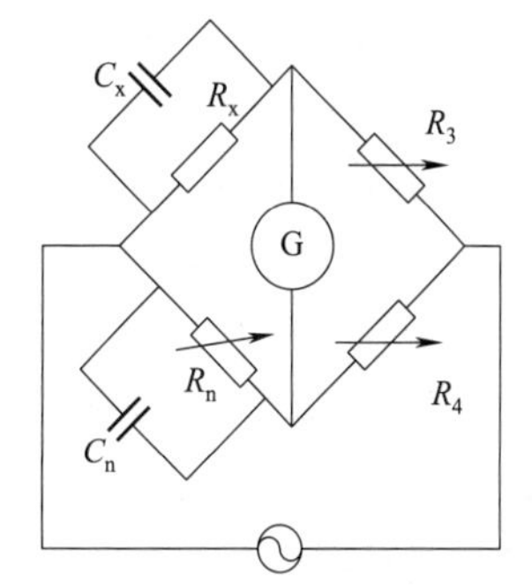

图 5-7　并联电桥电路

3. 电感的测量

电感线圈在电路中多与电容一起组成滤波电路、谐振电路等。

(1)电感的参数

电感器的主要参数有电感量及其误差、额定电流、温度系数、品质因数等,实际运用中需要测量的主要参数是电感量和品质因数。

①电感量 L。线圈的电感量 L 又称自感系数或自感,是表示线圈产生自感能力的一个物理

量。当线圈中及其周围不存在铁磁物质时，通过线圈的磁通量与其中流过的电流成正比，其比值称为线圈的电感量。电感量的单位为亨利（H），常用单位有毫亨（mH）和微亨（μH）

②品质因数 Q。线圈的品质因数 Q 又称 Q 值，是表示线圈品质质量的一个物理量。它是指线圈在某一频率的交流电压下工作时，所呈现的感抗与其等效损耗电阻之比，即

$$Q = \frac{\omega L}{R} = \frac{2\pi f L}{R} \tag{5-8}$$

式中，R 为被测电感在频率 f 时的等效损耗电阻。

在谐振电路中，线圈的 Q 值越高，损耗越小，因而电路的效率越高。线圈 Q 值的提高往往受一些因素的限制，如导线的直流电阻、线圈骨架的介质损耗、屏蔽罩或铁芯引起的损耗、高频集肤效应的影响等。线圈的 Q 值通常为几十至几百。

③分布电容。线圈的匝与匝间、线圈与屏蔽罩间、线圈与磁芯和底板间存在的电容，均称为分布电容。分布电容的存在使线圈的 Q 值减小，稳定性差，因此线圈的分布电容越小越好。

（2）电感的等效电路

电感一般是用金属导线绕制而成的，所以存在绕线电阻（对于磁性电感还应包括磁性材料插入的损耗电阻）和线圈的匝与匝之间的分布电容。故其等效电路如图 5-8 所示。

采用一些特殊的制作工艺，可减小分布电容 C_0，当 C_0 较小，工作频率较低时，分布电容可忽略不计。因此，电感的测量主要是电感量和损耗的测量。

（3）用交流电桥法测量电感

测量电感的交流电桥有麦克斯韦电桥和海氏电桥，分别适用于测量品质因素不同的电感。

①麦克斯韦电桥。

麦克斯韦电桥如图 5-9 所示，由电桥的平衡条件可得

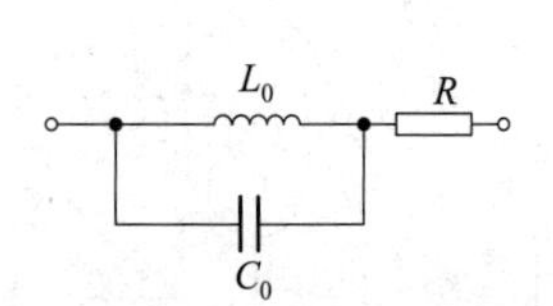

图 5-8　电感的等效电路

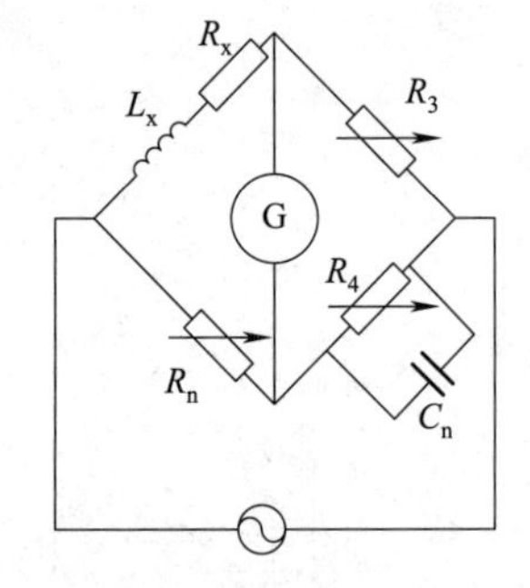

图 5-9　麦克斯韦电桥

$$\begin{cases} L_x = \dfrac{R_2 R_3 C_n}{1 + \dfrac{1}{Q_n^2}} \\ R_x = \dfrac{R_2 R_3}{R_n} \times \left(\dfrac{1}{1 + Q_n^2}\right) \\ Q_x = \dfrac{1}{\omega R_n C_n} = Q_n \end{cases} \tag{5-9}$$

式中，L_x 为被测电感；R_x 为被测电感的损耗电阻。

麦克斯韦电桥适用于测量 $Q<10$ 的电感。

②海氏电桥。

海氏电桥如图 5-10 所示，由电桥的平衡条件可得

$$\begin{cases} L_x = \dfrac{R_2 R_3 C_n}{1 + \dfrac{1}{Q_n^2}} \\ R_x = \dfrac{R_2 R_3}{R_n} \times \left(\dfrac{1}{1 + Q_n^2}\right) \\ Q_x = \dfrac{1}{\omega R_n C_n} = Q_n \end{cases} \tag{5-10}$$

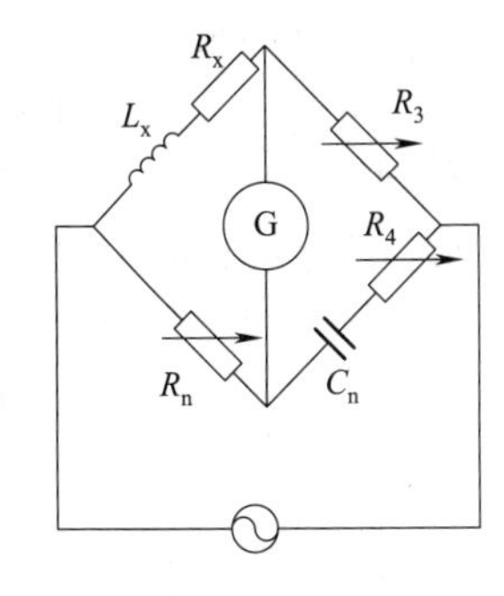

图 5-10　海式电桥

海氏电桥用于测量 $Q > 10$ 的电感。

用电桥测量电感时，首先应估计被测电感的 Q 值以确定电桥的类型；再根据被测电感量的范围选择量程，然后反复调节 R_2 和 R_n，使检流计 G 的读数最小，这时即可从 R_2 和 R_n 的刻度读出被测电感的 L_x 值和 Q_x 值。

任务实施

本任务建议分组完成，每组 4 ~ 5 人（包括组长 1 人），组内成员分别独自完成知识链接相关知识的学习，组长根据成员的学习情况进行分工，各成员根据分工通过分头查阅资料，参加小组讨论，完成相应的工作。

①学习相关知识，分解任务，进行小组分工。

任务分工表

<table>
<tr><td>任务名称</td><td colspan="4"></td></tr>
<tr><td>小组名称</td><td colspan="2"></td><td>组长</td><td></td></tr>
<tr><td rowspan="5">小组成员</td><td>姓名</td><td></td><td>学号</td><td></td></tr>
<tr><td>姓名</td><td></td><td>学号</td><td></td></tr>
<tr><td>姓名</td><td></td><td>学号</td><td></td></tr>
<tr><td>姓名</td><td></td><td>学号</td><td></td></tr>
<tr><td>姓名</td><td></td><td>学号</td><td></td></tr>
<tr><td rowspan="6">小组分工</td><td>姓名</td><td colspan="3">完成任务</td></tr>
<tr><td></td><td colspan="3"></td></tr>
<tr><td></td><td colspan="3"></td></tr>
<tr><td></td><td colspan="3"></td></tr>
<tr><td></td><td colspan="3"></td></tr>
<tr><td></td><td colspan="3"></td></tr>
</table>

②设计制作直流电桥。

掌握直流电桥的原理，在通用板上，制作直流电桥。原理图如图 5-11 所示，图中 R_x 为被测电阻，R_n 为 0～10 kΩ 电位器，U_1 为直流电流指示器(50 分，其中元器件选择正确 10 分，按照原理图元器件布置正确 10 分，焊接正确无漏焊和虚焊 10 分，直流电桥工作正常 20 分)。

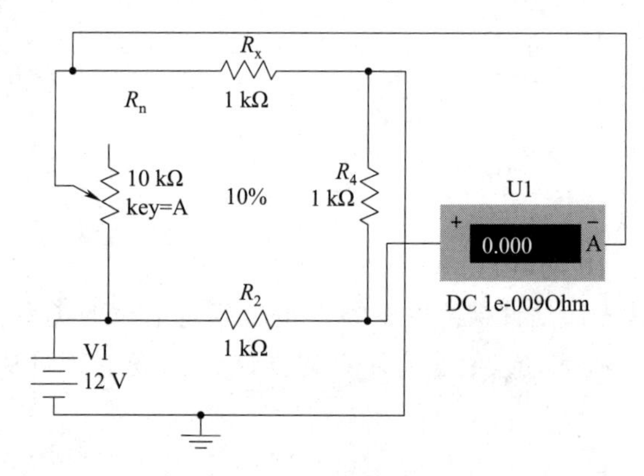

图 5-11　直流电桥原理图

③设计制作交流电桥。

掌握交流电桥的原理，在通用板上，制作交流电桥。原理图如图 5-12 所示，图中 R_x 为测电容的等效串联损耗电阻，C_1 为 0～10 μF 可调标准电容，U_1 为交流电流指示器(50 分，其中元器件选择正确 10 分，按照原理图元器件布置正确 10 分，焊接正确无漏焊和虚焊 10 分，交流电桥工作正常 20 分)。

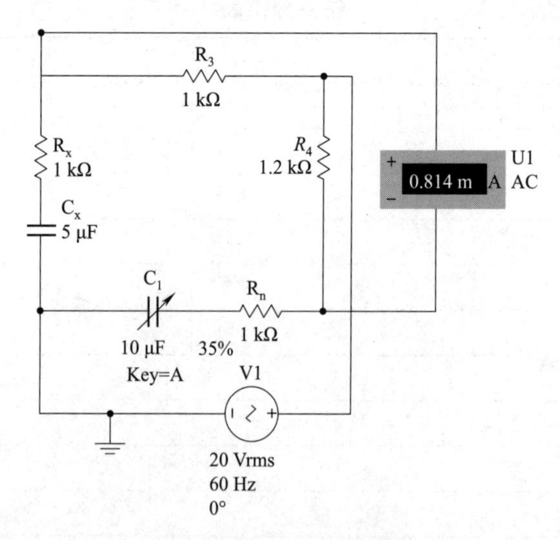

图 5-12　交流电桥原理图

任务测评

教师引导学生对任务进行分析和讨论，针对任务反映的问题，根据各组提出解决方法，作简短的点评或补充性、提高性的总结，并指导各组进行组内互评，最后完成总体评价。

组内互评表

任务名称						
小组名称						
评价标准	如任务实施所示，共 100 分					
序号	分值	组内互评（下行填写评价人姓名、学号）				平均分
1	50					
2	50					
总　分						

任务评价总表

任务名称						
小组名称						
评价标准	如任务实施所示，共 100 分					
序号	分值	自我评价（50%）			教师评价（50%）	单项总分
		自评	组内互评	平均分		
1	50					
2	50					
总　分						

任务 2　谐振法测量电容和电感参数

任务解析

电容和电感作为交流电子元器件，除使用电桥法测量外，还可以应用它们在调谐回路的谐振特性能进行测量，通过设计和制作实际谐振电路，了解谐振法测量的原理，学会谐振电路的使用技巧。

知识链接

一、谐振法测量阻抗原理

谐振法是测量阻抗的另一种基本方法，它是利用调谐回路的谐振特性而建立的测量方法。测量精度虽说不如交流电桥法高，但是由于测量线路简单方便，在技术上的困难要比高频电桥小（主要是杂散耦合的影响）。再加上高频电路元件大多为调谐回路元件使用，故用谐振法进行测量也比较符合其工作的实际情况。所以在测量高频电路参数（如电容、电感、品质因数、有效阻抗等）

中,谐振法是一种重要的手段。典型的谐振法测量仪器是 Q 表,所以谐振法又称 Q 表法,其工作频率范围相当宽。

谐振法是根据谐振回路的谐振特性建立起来的测量元件参数的方法,其测量原理如图 5-13 所示。它是由 LC 谐振回路、高频振荡电路和谐振指示电路 3 部分组成。振荡电路提供高频信号,它与谐振回路之间的耦合程度应足够弱,使反映到谐振回路中的阻抗小到可以忽略不计。谐振指示器用来判别回路是否处于谐振状态,它可以用并联在回路两端的电压表或串联在回路中的电流表担任。同样要求谐振指示器的内阻对回路的影响小到可以忽略不计。

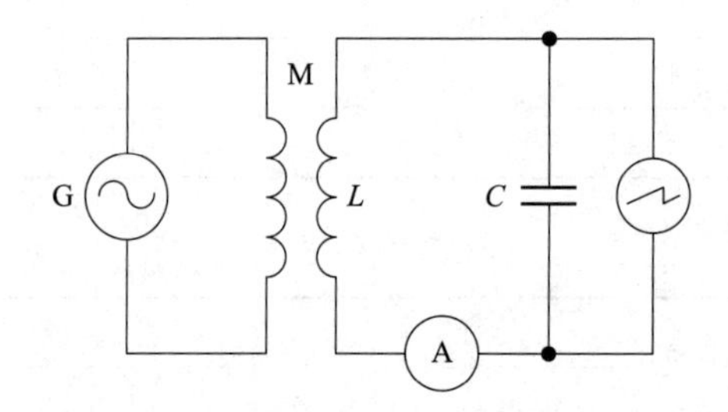

图 5-13　谐振法测量原理图

当回路达到谐振时,有

$$\omega=\omega_0=\frac{1}{\sqrt{LC}} \tag{5-11}$$

$$L=\frac{1}{\omega_0^2 C} \tag{5-12}$$

$$C=\frac{1}{\omega_0^2 L} \tag{5-13}$$

测量回路与振荡源之间采用弱耦合,可使振荡源对测量回路的影响小到忽略不计。谐振指示器一般用电压表并联在回路上,或用热偶式电流表串联在回路中,它们的内阻对回路的影响应尽量小。将回路调至谐振状态,根据已知的回路关系式和已知元件的数值,求出未知元件的参量。

二、电容量的测量

谐振法测电容量有直接法和替代法两种。

1. 直接法

用直接法测试电容量的电路与图 5-13 所示的电路基本相同。选用一适当的标准电感 z 与被测电容 C_x 组成谐振电路,调节高频振荡电路的频率,当电压表的读数达最大时,谐振回路达到串联谐振状态。这时振荡电路输出信号的频率 f 将等于测量回路的固有频率 f_0,即

$$f=f_0=\frac{1}{2\pi\sqrt{LC_x}}$$

由此可求得电容 C_x 值为

$$C_x=\frac{1}{4\pi^2 f_0^2 L} \tag{5-14}$$

式中,电容的单位是 F,频率的单位是 Hz,电感的单位是 H。若上述各量的单位分别用 pF、MHz、

μH,则式(5-14)可写为

$$C_x = \frac{2.53 \times 10^4}{f_0^2 L} \tag{5-15}$$

由于谐振频率 f_0 可由振荡电路的刻度盘读得,电感线圈的电感量是已知的,即可由式(5-15)计算被测电容量 C_x。由直接法测得的电容量是有误差的,因为它的测试结果中包括了线圈的分布电容和引线电容,为了消除这些误差,宜改用替代法。

2. 替代法

用替代法测试电容量有并联替代法和串联替代法两种。串联替代法和并联替代法采用替代原理,进行两次测试。被测元件接入前使电路谐振,被测元件接入已调谐好的电路后会使电路失谐,然后重新调整电路中的标准元件,以补偿(替代)被测元件造成的失谐。测量结果需计算后方能得到,这是一种间接测量的方法。

(1)并联替代法

用并联替代法测试电容量的电路如图 5-14 所示。进行测试时,首先将标准可变电容器放在电容量很大的刻度位置 C_{S1} 上,调节振荡电路的频率使串联谐振回路谐振。然后将被测电容器接在 C_x 接线柱上,与标准可变电容器并联,振荡电路保持原来的频率不变,减小标准可变电容器的电容量到 C_{s2},使串联谐振回路恢复谐振。在这种情况下,有

$$C_{s1} = C_{s2} + C_x$$

即可求得被测电容 C_x 的值为

$$C_x = C_{s1} - C_{s2}$$

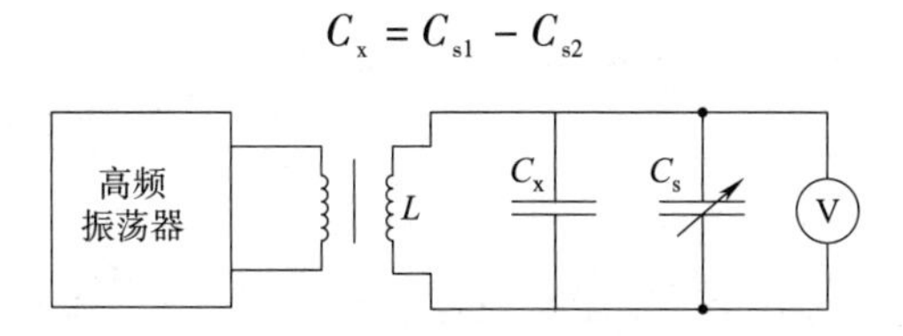

图 5-14 并联替代法测试电容量的电路

显然,并联替代法只能测电容量小于标准可变电容器变化范围内的电容器。由于通常标准可变电容器的电容量变化范围有限,例如,一个能从 500 pF 变化到 40 pF 的电容器的电容量变化范围为 460 pF。按照上述测试方法,只能测试电容量小于 460 pF 的电容。当被测电容量大于标准可变电容器的电容量变化范围时,则可根据被测电容量的估算数值选择一个适当容量的电容器作为辅助元件,再用上述方法进行测试。选择辅助电容器时,必须使已知辅助电容器的电容量与标准可变电容器的变化范围之和大于被测电容器的电容量。例如,用电容量变化范围为 460 pF 的标准可变电容器来测被测电容量约为 680 pF 的电容时,必须选择一个电容量大于 220 pF 的已知电容作为辅助元件。

测试时,首先把已知电容接在 C_x 接线柱上,标准可变电容器放在电容量所在的刻度位置 C_{s1} 上,调节振荡电路的频率使串联谐振回路谐振。然后拆去 C_x 接线柱上的已知电容,接上被测电容。振荡电路保持原来的频率不变。减小标准可变电容器的电容量到 C_{s2},使串联谐振回路恢复谐振。在这种情况下有

$$C_{s1} + C_{已知} = C_{s2} + C_x$$

即可求得被测电容 C_x 的值为

$$C_x = C_{s1} - C_{s2} + C_{已知} \tag{5-16}$$

(2)串联替代法

被测电容量大于标准可变电容器容量变化范围的另一种方法是串联替代法。使用串联替代法测电容的电路如图5-15所示。进行测试时,首先将标准可变电容放在电容量甚小的刻度位置 C_{s1} 上,调节振荡电路的频率使串联谐振回路谐振。然后将被测电容串联在谐振回路中,振荡电路保持原来的频率不变,增加标准可变电容量到 C_{s2},使串联谐振回路恢复谐振。在这种情况下有:

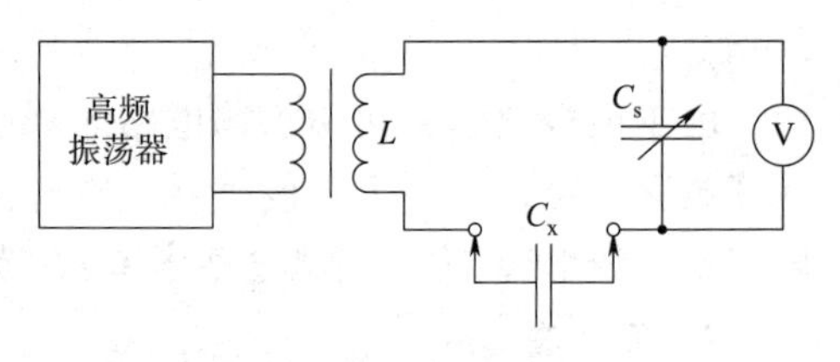

图5-15　串联替代法测试电容量的电路

$$C_{s1} = \frac{1}{\frac{1}{C_{s2}} + \frac{1}{C_x}}$$

即可求得被测电容 C_x 的值为

$$C_x = (C_{s1} \times C_{s2})(C_{s2} - C_{s1}) \tag{5-17}$$

三、电感量的测量

1. 直接法

在图5-13中,若选用已知标准电容 C_s 和被测电感 L_x 组成谐振回路,按测试电容的同样方法,调节振荡电路的输出频率,使谐振回路达到谐振状态,由式 $f = f_0 = \frac{1}{2\pi\sqrt{LC}}$ 可得被测电感 L_x 的值为

$$L_x = \frac{1}{4\pi^2 f_0^2 C_s} \tag{5-18}$$

式中,电容的单位是F,频率的单位是Hz,电感的单位是H。若上述各量的单位分别用pF、MHz、μH,则式(5-18)可写为

$$L_x = \frac{2.53 \times 10^4}{f_0^2 C_s} \tag{5-19}$$

式中,f_0 可由振荡电路的刻度盘读得,C_s 可由标准可变电容器的刻度盘读得。

2. 替代法

与测电容一样,也有并联替代法和串联替代法两种。测小电感时用图5-16(a)所示串联替代法,测大电感时用图5-16(b)所示并联替代法。由于具体的测试方法与测电容的替代法相仿,不再赘述。

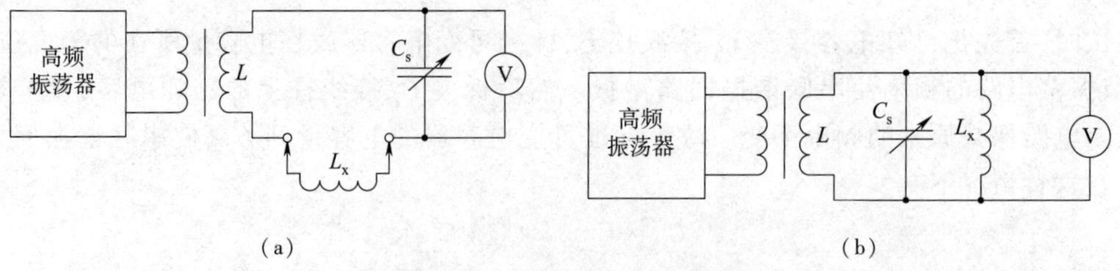

图5-16　替代法测量电感原理图

四、品质因数(Q 值)的测量

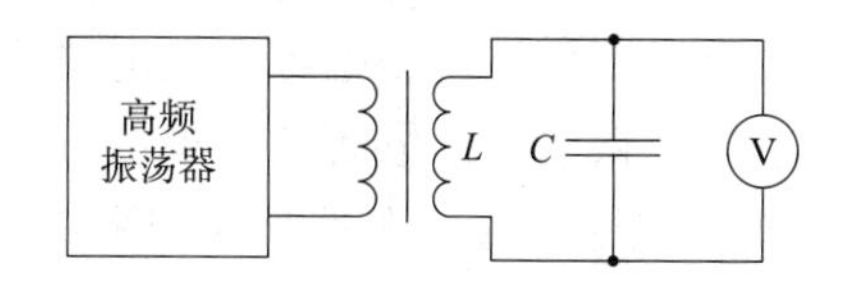

图 5-17　品质因数(Q 值)的测量原理图

利用谐振法测回路的品质因数(Q 值),可采用电容变化法或频率变化法,两种测试方法均采用图 5-17 所示电路。

电容变化法是变化调谐回路中的电容量,使回路发生一定程度的失谐,从而求得回路的品质因数。根据回路谐振时可变电容器 C_s 的读数 C_{s0} 和回路两次失谐(谐振指示器指示下降到 70.7%)时可变电容器 C_s 的读数为 C_1 和 C_2,即可按下式计算品质因数为

$$Q = \frac{2C_{s0}}{C_2 - C_1} \tag{5-20}$$

频率变化法是改变高频振荡电路的振荡频率,使回路发生一定程度的失谐,从而求得回路的品质因数。根据回路谐振时振荡电路的频率数 f_0 和回路两次失谐(谐振指示器的指示下降到 70.7%)时振荡电路的频率读数 f_1 和 f_2,可计算品质因数为

$$Q = \frac{f_0}{f_2 - f_1} \tag{5-21}$$

任务实施

本任务建议分组完成,每组 4 ~ 5 人(包括组长 1 人),组内成员分别独自完成知识链接相关知识的学习,按照操作步骤学习谐振法的相关知识,组长根据成员的学习情况进行分工,各成员根据分工通过分头查阅资料,参加小组讨论,完成相应的工作。

①学习相关知识,分解任务,进行小组分工。

任务分工表

任务名称				
小组名称			组长	
小组成员	姓名		学号	
	姓名		学号	
	姓名		学号	
	姓名		学号	
	姓名		学号	
小组分工	姓名	完成任务		

②设计制作谐振法电容测量电路。

掌握谐振法测量电容的原理,在通用板上,制作谐振法电容测量电路,原理图如图 5-14 并联替代法测试电容量的电路所示,图中高频振荡器使用信号发生器,L 为 1 mH 电感,C_x 为被测电容,C_s 为可变电容器,V 为交流电压表(50 分,其中元器件选择正确 10 分,按照原理图元器件布置正确 10 分,焊接正确无漏焊和虚焊 10 分,谐振法电容测量电路工作正常 20 分)。

③设计制作谐振法电感测量电路。

掌握谐振法测量电感的原理,在通用板上,制作谐振法电感测量电路,原理如图 5-16(b) 替代法测量电感的电路所示,图中高频振荡器使用信号发生器,L 为 1 mH 电感,L_x 为被测电感,C_s 为可变电容器,V 为交流电压表(50 分,其中元器件选择正确 10 分,按照原理图元器件布置正确 10 分,焊接正确无漏焊和虚焊10 分,谐振法电感测量电路工作正常 20 分)。

任务测评

教师引导学生对任务进行分析和讨论,针对任务反映的问题,根据各组提出解决方法,作简短的点评或补充性、提高性的总结,并指导各组进行组内互评,最后完成总体评价。

组内互评表

<table>
<tr><td colspan="2">任务名称</td><td colspan="5"></td></tr>
<tr><td colspan="2">小组名称</td><td colspan="5"></td></tr>
<tr><td colspan="2">评价标准</td><td colspan="5">如任务实施所示,共 100 分</td></tr>
<tr><td rowspan="2">序号</td><td rowspan="2">分值</td><td colspan="4">组内互评(下行填写评价人姓名、学号)</td><td rowspan="2">平均分</td></tr>
<tr><td></td><td></td><td></td><td></td></tr>
<tr><td>1</td><td>50</td><td></td><td></td><td></td><td></td><td></td></tr>
<tr><td>2</td><td>50</td><td></td><td></td><td></td><td></td><td></td></tr>
<tr><td colspan="6">总　　分</td><td></td></tr>
</table>

任务评价总表

<table>
<tr><td colspan="2">任务名称</td><td colspan="5"></td></tr>
<tr><td colspan="2">小组名称</td><td colspan="5"></td></tr>
<tr><td colspan="2">评价标准</td><td colspan="5">如任务实施所示,共 100 分</td></tr>
<tr><td rowspan="2">序号</td><td rowspan="2">分值</td><td colspan="3">自我评价(50%)</td><td rowspan="2">教师评价(50%)</td><td rowspan="2">单项总分</td></tr>
<tr><td>自评</td><td>组内互评</td><td>平均分</td></tr>
<tr><td>1</td><td>50</td><td></td><td></td><td></td><td></td><td></td></tr>
<tr><td>2</td><td>50</td><td></td><td></td><td></td><td></td><td></td></tr>
<tr><td colspan="6">总　　分</td><td></td></tr>
</table>

项目总结

本项目主要介绍了电阻、电感和电容常用电子元器件的应用和性能指标、电桥法测量这三个元器件的基本方法、谐振法测量电容和电感的基本方法。通过本项目的实施,熟练掌握电桥法和谐振法的使用方法。

项目实训

实训 1:电桥法测量电阻、电容和电感

每组同学使用任务 1 制作的直流电桥,当 R_x 分别为 500 Ω、1 kΩ、3 kΩ、5 kΩ、10 kΩ 时,调整 R_n,使检流计平衡,记录 R_n 值,测试结果填入测试记录 1;使用任务 1 制作的交流电桥图,当 C_x 分别为 1 μF、2 μF 、3 μF 、5 μF 、10 μF 时,调整 C_1,使检流计读数最小,记录 C_1 值,计算损耗因数 D。测试结果填入测试记录 2。

测试记录 1

测试人员			
仪器设备			
测试时间		测试地点	
温度		湿度	
序号	R_x 值	R_n 值	

测试记录 2

测试人员			
仪器设备			
测试时间		测试地点	
温度		湿度	
序号	C_x 值	C_1 值	D 值

实训 2：谐振法测量电容和电感

每组同学使用任务 2 制作的谐振法电容测量电路，C_x 任选 5 个不同电容值，首先将标准可变电容放在电容量甚小的刻度位置 C_{s1} 上，调节振荡电路的频率使谐振回路谐振。然后将被测电容并联在谐振回路中，振荡电路保持原来的频率不变，减小标准可变电容量到 C_{s2}，使谐振回路恢复谐振，计算 C_x 电容值，测试结果填入测试记录 3。使用任务 2 制作的谐振法测量电感电路，L_x 任选 5 个不同电感值，测量方法与电容测量方法相同，计算 L_x 电容值，测试结果填入测试记录 4。

测试记录 3

测试人员			
仪器设备			
测试时间		测试地点	
温度		湿度	
序号	C_x 值	C_{s1} 值	C_{s2} 值

测试记录 4

测试人员			
仪器设备			
测试时间		测试地点	
温度		湿度	
序号	L_x 值	L_{s1} 值	L_{s2} 值

思考与练习

1. 膜式电阻有哪些？
2. 按制作材料和工艺不同，固定式电阻器可分为哪几类？
3. 什么是电阻器的标称阻值？
4. 什么是电阻器的允许误差？
5. 什么是电阻器的额定功率？
6. 电位器按用途可分为哪几类？
7. 什么是固定电容器？
8. 什么是可变电容器？
9. 什么是电感器？
10. 鉴别一个电感器的性能和指标有哪些？
11. 简述电桥法测量电阻的原理。
12. 简述谐振法测量阻抗的原理。

项目六

了解电子测量仪器的发展

项目引入

某电子产品制造公司为提高单位的检测能力，提出检测设备技术改造方案，下达了要求测试人员根据单位具体检测工作情况，撰写一篇现有先进电子测量仪器技术分析论文的任务。公司的测试人员在接到任务后，按照任务的要求，根据查找先进的电子测量仪器相关资料，总结查找的素材，按照主题和相关的逻辑关系形成技术论文。

学习目标

- 能够根据电子测量技术的发展方向分析具体仪器设备的技术水平；
- 能够根据目前新电子测量技术分析具体仪器设备的技术方法；
- 能够具备通过网络查找技术资料的能力；
- 具备总结查找的素材，按照主题和相关的逻辑关系形成技术论文的能力。

项目实施

任务　分析电子测量仪器的新技术

任务解析

通过对先进电子测量仪器技术的分析,掌握电子测量技术的发展方向、目前新测量技术的分类和应用,提高能够通过网络查找技术资料和总结素材形成论文的能力。

知识链接

一、电子测量技术的最新发展

中国电子测量技术经过多年的发展,为我国国民经济、科学教育、特别是国防军事的发展做出了巨大贡献。随着世界高科技发展的潮流,中国电子测量仪器也步入了高科技发展的道路,特别是经过"九五"期间的发展,我国电子测量技术在若干重大科技领域取得了突破性进展,为我国电子测量仪器走向世界水平奠定了良好的基础。进入 21 世纪以来,科学技术的发展已可以用日新月异来描述 。新工艺、新材料、新制造技术催生了新一代电子元器件,同时也促使电子测量技术和电子测量仪器产生了新概念和新发展趋势。从现代电子测量技术发展的三个明显特点入手,进而介绍下一代自动测试系统的概念和基本技术,引入合成仪器的概念。当前,我国电子测量技术的发展趋势和方向是:测量数据采集和处理的自动化、实时化、数字化;测量数据管理的科学化、标准化、规格化;测量数据传播与应用的网络化、多样化、社会化。GPS 技术、RS 技术、GIS 技术、数字化测绘技术以及先进地面测量仪器等将广泛应用于工程测量中,并发挥其主导作用。

1. 电子测量技术的发展方向

我国测试技术已经进入标准化设计阶段,而且已采用了工业界先进的计算机 I/O 总线标准和数字化总线、仪器总线相结合的标准,逐步接近国际先进水平。但如何进一步发展,发展的主要内容是什么,这是从事测试技术的每个工程人员需要认真思索的问题。任何技术的发展均取决于社会发展的需求。根据安捷伦公司在 1996 年对检测成本统计:硬件成本 6%,检测开发 24%,检测操作 57%,维护成本占 13%。除了硬件成本外,其他三项基本是软件开发、维护、操作成本。因此,对 TPS 的开发、移植、维护、重用,应是测试系统的重要研究内容。因此,美国在 ABBET(广域测试)对测试软件作了重点描述和规范。它以信息模型对测试信息进行规格化描述,消除了层次间测试信息移植、共享和应用的障碍。将测试从宏观上划分为产品描述层、测试策略和要求层、测试过程层、测试资源管理层、仪器控制层等内容。其根本目的是建立一种通用的 ATS 开放系统体系结构,从该体系结构再衍生出由具体硬件、软件和系统实现的体系结构,达到测试贯穿于产品从设计思想到装备现场的整个生命周期,包括从一个生命周期阶段到另一个生命周期阶段相关测试信息的传递;生成所需测试程序与过程中信息的使用;故障隔离和修理时,在编写报告和诊断操作中测试维护信息收集和诊断信息反馈。同时通过渐近方法确定 ATS 开放系统体系结构。计划了四个发展项目,每个发展项目完成后,产生一个 ATS 开放系统体系结构的完好部件,从而增加了该体系结构的开放程度与能力水平。四个发展项目分别解决“仪器互换性和互操作性”“TPS 可移植性和互操作性”“生命周期信息交换”“过程与工具”。通过四个发展项目产生了 ATS 信息架构和软件架构。在测试领域对人工智能技术应给予高度重视。

2. 目前新技术分析

(1)总线接口技术

总线是所有测试系统和故障诊断系统的基础和关键技术,是系统标准化、模块化、组合化的根本条件,国内外都是依据总线系统来组建各类测试系统,以确保硬件、软件、系统级的兼容性、互换性和重构功能,研究和开发总线系统是设计、研制开放式体系结构的核心任务,也是测试系统技术研究的关键技术。

采用总线结构设计的系统,具有简化系统设计、可靠性高、维护性好、产品易于升级换代,便于组织生产、工艺和成本低,真正能变串行生产为并行生产等重要优点。VXI 总线技术是 20 世纪末出现的一个新的总线技术。它首先应用于美国空军电子测量仪器。VXI 总线将 VME 总线和 GPIB 结合起来构成一个新的标准,这种模块式仪器平台可以满足未来仪器应用的需要,使电子测量仪器和系统步入一个新的发展时期。VXI 总线是一个新的行业标准接口母线,是一种完全开放的、适应多厂家仪器产品(模块、插卡式)的行业标准。这个标准的推出有三个原因:一是适应技术发展的要求;二是多厂家的仪器缺乏互联性;三是军方的需要,而且这是最重要的一个方面。军方需求什么?一是军用电子测量仪器战争现场所强调的便携性,VXI 可以大大减小设备的体积和质量;二是大大提高测试速度,VXI 比 GPIB 的速度快 40 倍;三是测试系统的适应性、灵活性大为提高;四是价格适中;五是有利于充分发挥计算机的作用。

(2)软件平台技术

软件是组建系统核心技术之一,对于测试软件、TPS 可兼容、可移植和重用一直是测试系统的关键技术。拟建立测试软件通用平台,重点研究 CORBA、DCOM、COM 等中间件语言。

这些软件充分利用了现今软件技术发展的最新成果,在基于网络的分布式应用环境下实现应用软件的集成,使得面向对象的软件在分布、异构环境下实现可重用、可移植和互操作。主要原理是引入中间件(Middleware)作为事务代理,完成客户机(Client)向服务对象(Server)提出的业务请求,实现客户与服务对象的完全分开,客户不需要了解服务对象的实现过程以及具体位置。

同时提供软总线机制,使得在任何环境下,采用任何语言开发的软件只要符合接口规范的定义,均能集成到分布式系统中。

同时对现有的 IVI、V_{pp}、SQL、ODBC、VRML 等语言进行应用研究。

(3)专家系统技术

由于专家系统具有很好的实用性,已被广泛应用于科学、工程制造,尤其是宇航领域得到了广泛应用。美国自由号空间站、欧洲尤里卡平台、哥伦布空间舱,以及日本的吉姆舱都设计了故障诊断专家系统。在新一代载人航天器——航天飞机、载人飞船,作为可靠性的重要保障手段之一的故障诊断专家系统得到了广泛应用。“自由号”空间站是美国大型载人航天工程。由于该工程结构庞大,设计复杂以及高可靠和高自主性要求,基于人工智能的故障诊断专家系统是其重要组成部分。NASA 投入大量资金用于空间站系统级管理、故障诊断以及分系统级故障诊断专家系统的研制工作,包括诊断推理专家系统。由于故障诊断专家系统以其在实际应用中发挥的作用和取得的效益受到了工程界的普遍重视，专家系统已成为故障诊断技术发展的主流。专家系统是一门综合性很强的学科，开发一个成功的专家系统需要系统设计人员与应用领域中的人类专家密切合作，一般将专家系统的设计人员称为知识工程师（Knowledge Engineer），将参加专家系统开发的人类专家称为领域专家（Domain Expert）。专家系统（Expert System）是一种模拟人类专家解决领域问题的计算机程序系统。专家系统内部含有大量的某个领域的专家水平的知识与经验，能够运用人类专家知识和解决问题的方法进行推理和判断，模拟人类专家的决策过程，来解决该领域的复杂问题。从处理问题性质看，专家系统善于解决那些不确定性、非结构化的问题，主要用于知识处理，而不是数据信息处理。从处理问题的方法看，专家系统则主要依靠知识表达技术、知识推理、知识收集和编码，知识存储和编排，建立知识库及其管理系统，利用专家知识和经验求解专门问题，而不是数学描述的方法来解决问题。从系统结构看，专家系统则强调知识与推理的分离，因而系统具有很好的灵活性和扩充性。从知识推理能力看，专家系统的工作是在环境模式驱动下的知识推理过程，而不是在固定程序控制下的指令执行过程。从咨询解释能力看，专家系统不仅对用户的提问给出解答，而且能够对答案的推理过程做出解释，提供答案的可信度评估。专家系统能不断对自己的知识进行扩充、完善和提炼。而传统程序都无法做到。专家系统内部包括两个主要部分：知识库和推理机。因为专家系统依赖于推理，它必须能够解释这个过程，所以它的推理过程是可检查的，解释机是复杂专家系统的一个必要部分。

由于专家系统具有很多突出优点，如适应能力强。它能在任何计算机硬件上使用。专家系统是专家知识的集成，具有高水平的复合性，由几个专家复合起来的知识，其水平可能会超过一个单独的专家，而且复合专家知识在任何时候可同时和持续地解决某一问题。而且持久性好。专家知识是持久的，不会像人类专家那样会退休，或者死亡，专家系统可以比人类专家反应更迅速或更有效。某些突发情况需要响应得比专家更迅速，因此实时的专家系统具有重要应用。

专家系统的广泛应用促进了专家系统的发展。一般诊断专家系统开发可以采用高级程序语言、通用人工智能语言、专家系统工具，又称专家系统外壳来进行。

根据需求采用专家系统工具来开发故障诊断专家系统。因为，专家系统工具是一个具有知识表示和推理机的基本框架系统，能保证快速、高质量地组建、开发出故障诊断专家系统。因此，研究和开发专家系统和专家系统工具是组建测试系统和故障诊断系统的基础和关键技术，是测试技术的重要研究内容。

（4）虚拟测试技术

通过虚拟测试系统，可以使产品历经虚拟设计、虚拟加工、虚拟装配、产品性能虚拟测试和虚拟使用全过程。虚拟测试的结果信息可用于优化、改进虚拟制造技术中有关的设计和过程参数。由于虚拟测试在虚拟制造技术中应用普遍，能促进整个虚拟制造技术体系更为完备和工程实用化。因此，开展虚拟制造环境的虚拟测试技术研究和应用具有重要而深远的意义，而计算机技术、虚拟技术和测试技术的发展，以及大量工程实用数据的积累，也使得建立虚拟测试系统具备了现实的可能性。开展虚拟测试技术研究，就是用虚拟工程概念解决产品研制中的实际测试问题。通过构造产品虚拟测试环境解决产品研制过程中的测试具体问题，包括参数精度测试，各种物理参数的虚拟产生，过程测试方法的模拟、测试程序的执行检测、对象模拟等。

通过构建军事装备或大型工程的虚拟测试环境，建造一个通用的虚拟测试平台，可以适应各种型号装备和工程的模拟测试试验，对每种型号装备和工程的测试需求均可在此通用的虚拟测试平台进行试验验证测试,通过虚拟测试验证,修正、完善军事装备或大型工程的设计、提高研制质量;同时在明确军事装备和大型工程需求情况下通过虚拟测试环境可对需要设计的测试发射控制系统和各类测试分系统体系结构(分布式多总线复合结构或嵌入式单机箱系统)、系统组成、配置、功能模块要求、实时性、传输性、可靠性、维护性均可在通用的虚拟测试平台上完成演示验证,进行完善设计和研制。当前,虚拟测试的研究和应用主要集中在两方面:

①基于虚拟仪器技术的虚拟测试,基于虚拟仪器技术的虚拟测试的核心思想是"软件就是仪器"。其实现途径是在一定硬件基础上,利用计算机和软件及相应算法替代传统测量仪表和装置,如:信号调理与传输仪表,信号显示记录仪、存储仪表、信号分析与处理仪表,以及有关控制、监控环节。

②基于虚拟现实技术的虚拟测试。基于虚拟现实技术的虚拟测量,则是在虚拟现实环境下,借助多种传感器和必要的硬件装备,根据具体需求,完成有关的测量任务。在虚拟环境下可以设计、构建所需要的虚拟测试系统,进行虚拟测试、虚拟测量操作、测量过程仿真及虚拟制造中的虚拟测试等。

在虚拟现实环境下进行虚拟测试,能够将人、测量设备、测量系统模型和测量仿真软件集成于一体,提供良好的人机交互和反馈手段,产生逼真效果。然而目前虚拟现实的硬件设备和工具价格昂贵,VR 技术在测量领域的应用应注重技术功能的实现,不必追求高档的、完全的 VR 环境。

上述两类虚拟测试的最大区别是:基于虚拟仪器技术(VI)的虚拟测试尽管也被称为"虚拟",但是,它不可能完全虚拟,其中,模拟被测量对象真实状态,传感器真实的应用,数采真实数据,虚拟真实测量操作,测量结果与真实测量结果一致。而基于虚拟现实技术的虚拟测试,一般强调交互和沉浸,首先要使参与者有"真实"的体验,为了达到这个目的,就必须提供多感知的能力。目前基于虚拟仪器技术的虚拟测试和基于虚拟现实技术的虚拟测试日趋走向集成和融合。虚拟测试可以降低实际测试操作的费用,减少在危险环境中实际操作的危险性,虚拟测试所具有的拟实性、灵活性和低成本,使之成为虚拟现实技术的一个主要应用领域。尤其在虚拟制造中具有重要作用,它贯穿于虚拟设计、虚拟加工制造、虚拟装备以及产品性能检测和使用的全过程,实现虚拟制造各个阶段有机衔接,推进虚拟制造技术的发展和工程化。因此,开展虚拟制造环境的虚拟测试技术研究和应用具有重要而深远的意义,而计算机技术,虚拟技术和测试技术的发展,以及大量工程实用数据的积累,也使得建立虚拟测试系统具备了现实的可能性。

二、智能仪器

1. 智能仪器的发展

(1)智能仪器的发展概况

仪器仪表的电子器件经历了真空管、晶体管、集成电路三个时代,仪器仪表从原理功能看经历了模拟式、数字式、智能化三个发展阶段,智能仪器是第三代,是在数字化基础上发展起来的、具有一定的人工智能的测量仪器,内嵌入有微处理器和 GPIB(General Purpose Interface Bus)通用接口总线。可单独使用,也可通过 GPIB 接口作为可程控仪器组建 ATS。

智能仪器凭借其体积小、功能强、功耗低等优势,迅速地在家用电器、科研单位和工业企业中得到了广泛应用。

(2)智能仪器发展趋势

①微型化。微型智能仪器指微电子技术、微机械技术、信息技术等综合应用于仪器的生产中,从而使仪器成为体积小、功能齐全的智能仪器。它能够完成信号的采集、线性化处理,数字信号处理,控制信号的输出、放大,与其他仪器的接口,与人的交互等功能。

②多功能化。多功能本身就是智能仪器仪表的一个特点。例如,为了设计速度较快和结构较复杂的数字系统,仪器生产厂家制造了具有脉冲发生器、频率合成器和任意波形发生器等功能的函数发生器。这种多功能的综合型产品不但在性能上比专用脉冲发生器和频率合成器高,而且在各种测试功能上提供了较好的解决方案。

③人工智能化。人工智能是计算机应用的一个崭新领域,利用计算机模拟人的智能,用于机器人、医疗诊断、专家系统、推理证明等方面。智能仪器的进一步发展将含有一定的人工智能,即代替人的一部分脑力劳动,从而在视觉(图形及色彩辨读)、听觉(语音识别及语言领悟)和思维(推理、判断、学习与联想)等方面具有一定的能力。

④融合 ISP 和 EMIT 技术,实现仪器仪表系统的 Internet 接入(网络化)。伴随着网络技术的飞速发展,Internet 技术正在逐渐向工业控制和智能仪器仪表系统设计领域渗透,实现智能仪器仪表系统基于 Internet 的通信能力以及对设计好的智能仪器仪表系统进行远程升级、功能重置和系统维护。

系统编程(In-System Programming,ISP)技术是对软件进行修改、组态或重组的一种最新技术。它是一种使人们在产品设计、制造过程中的每个环节,甚至在产品卖给最终用户以后,具有对其器件、电路板或整个电子系统的逻辑和功能随时进行组态或重组能力的最新技术。ISP 技术有利于在板设计、制造与编程。由于 ISP 器件可以像任何其他器件一样,在印制电路板(PCB)上处理,因此编程 ISP 器件不需要专门编程器和较复杂的流程,只要通过 PC,嵌入式系统处理器甚至 Internet 远程网就可进行编程开发。

EMIT 嵌入式微型因特网互联技术就是一种将单片机等嵌入式设备接入 Internet 的技术。利用该技术,能够将 8 位和 16 位单片机系统接入 Internet,实现基于 Internet 的远程数据采集、智能控制、上传/下载数据文件等功能。

目前,世界上一些公司提供基于 Internet 的 Device-Networking 的软件、固件(Firmware)和硬件产品。

2. 智能仪器的组成和特点

(1)智能仪器的组成

智能仪器是由硬件和软件两大部分组成的。硬件部分的基本组成如图 6-1 所示。

①微机系统。微机系统主要包括 CPU、存放监控程序和应用程序及各类数据的程序存储器和数据存储器以及接口电路,主要起测量过程控制和数据处理的作用。

②输入通道。输入通道是微机系统与采集对象相连接部分,是决定智能仪器测量准确度的关键部位,各类测量信号先由相应的传感器或变换装置变换成电信号,这些信号不能满足微机系统输入的要求,需要形式多样的信号变换和调节电路,如信号放大器、滤波器、多路转换器、采样/保持器、A/D 转换器、三态缓冲器等,这些电路构成智能仪器的输入通道。

③输出通道。根据输出控制要求的不同,输出通道电路是多种多样,有 D/A 转换电路、放大隔离电路等,其输出信号有模拟量信号和数字量信号。

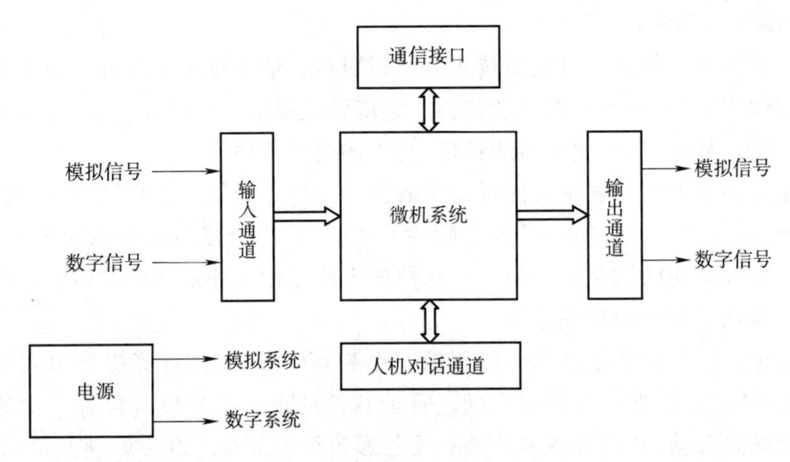

图 6-1 智能仪器的基本组成

④人机对话通道。智能仪器中的人机对话通道是用户为了对智能仪器进行干预及了解智能仪器运行状态所设置的通道。人机对话通道所配置的设备主要有:键盘、显示器和打印机等。

⑤通信接口。通信接口起着沟通智能仪器与外部系统联系的作用,必须符合通信总线规定的标准。通常采用 RS-232 标准、RS-485 标准、IEEE-488 标准。具有远距离数据通信功能,便于组成测控网络。

智能仪器的软件部分包括监控程序和接口管理程序两部分。

①监控程序是面向仪器面板键盘和显示器的管理程序,其内容包括:通过键盘输入命令和数据,以对仪器的功能、操作方式与工作参数进行设置;根据仪器设置的功能和工作方式,控制 I/O 接口电路进行数据采集和存储;按照仪器设置的参数,对采集数据进行相关处理;以数字、字符等形式显示测量结果、数据处理结果及仪器的状态信息。

②接口管理程序是面向通信接口的管理程序,其内容是接收并分析来自通信接口总线的远程命令,包括描述功能、操作方式与工作参数的代码,进行有关的数据采集与数据处理;通过通信接口送出仪器的测量结果、数据处理结果及仪器的现行工作状态信息。

(2)智能仪器的特点

①采集信息:借助于传感器和变送器,按处理器的要求采集电量和非电量。

②与外界对话:使用智能接口进行人机对话及外部仪器设备对话,接入自动测试系统,甚至接入 Internet。另一方面,使用者借助面板上的键盘和显示屏,可用对话方式选择测量功能、设置参数。当然,通过显示屏等也可获得测量结果。

③记忆信息:智能仪器的存储器既用来存储测量程序、相关的数学模型以及操作人员输入的信息,又用来存储以前和现在测得的各种数据。

④处理信息:按设置的程序对测得的数据进行算术运算,求均值、对数、方差、标准偏差等数学运算 FFT 变换,求解代数方程,进行比较、判断、推理等。

⑤控制:以分析、比较和推理的结果输出相应的控制信息。

⑥自检自诊断:自检(自测试)程序对仪器自身各部分进行检测,验证能否正常工作。若工作正常,则显示通过信息或发出相应声音;否则,运行自诊断程序,进一步检查仪器的哪一部分出了故障,并显示相应的信息。若仪器中考虑了替换方案,则经内部协调和重组还可以自动修复。

⑦自补偿自适应：智能仪器能适应外界的变化。比如，能自动补偿环境温度、压力等对被测量值的影响，能补偿输入的非线性，并根据外部负载的变化自动输出与其匹配的信号等。

⑧自校准学习：智能仪器常常通过自校准（校准零点、增益等）来保证自身的准确度。不仅如此，它们还能通过自学习学会处理更多更复杂的测控程序。

三、虚拟仪器技术

1. 虚拟仪器的基本知识

所谓虚拟仪器（Virtual Instrument，VI），是在计算机硬件平台上，配以I/O接口设备，由用户自行设计虚拟控制面板和测试功能的一种计算机仪器系统。

虚拟仪器是利用计算机显示器的显示功能模拟传统仪器的控制面板，以多种形式表达输出检测结果，利用计算机强大的软件功能实现信号数据的运算、分析、处理，由I/O接口设备完成信号的采集、测量与调理，从而完成各种测试功能的一种计算机仪器系统。

20多年前，美国国家仪器公司NI（National Instruments）提出了虚拟仪器（VI）概念，由此引发了传统仪器领域的一场重大变革，从而开创了“软件即仪器”的先河。虚拟仪器通过软件将计算机硬件资源与仪器硬件有机地融合为一体，从而把计算机强大的计算处理能力和仪器硬件的测量、控制能力结合在一起，大大缩小了仪器硬件的成本和体积，并通过软件实现对数据的显示、存储以及分析处理。

电子测量仪器经历了由模拟仪器、智能仪器到虚拟仪器，在高速度、高带宽和专业测试领域，独立仪器具有无可替代的优势。

在中低档测试领域，虚拟仪器可取代一部分独立仪器的工作，但完成复杂环境下的自动化测试是虚拟仪器的拿手好戏，是传统的独立仪器难以胜任的。

2. 虚拟仪器的组成

虚拟仪器由硬件和软件组成，构成虚拟仪器的硬件平台包括两部分：

（1）计算机

一般为一台PC或者工作站，它是硬件平台的核心。

（2）I/O接口设备

主要完成被测输入信号的采集、放大、模/数转换。可根据实际情况采用不同的I/O接口硬件设备，如PC-DAQ、GPIB仪器、串口仪器、VXI仪器、PXI仪器等，如图6-2所示。

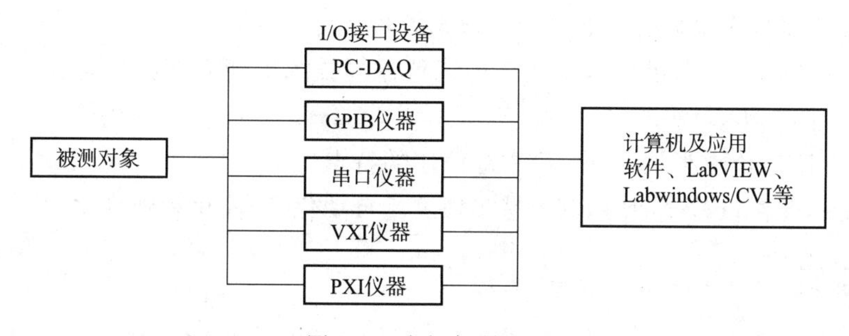

图6-2　虚拟仪器组成

①PC-DAQ系统：是以数据采集板、信号调理电路和计算机为仪器硬件平台组成的插卡式虚

拟仪器系统。

②GPIB 系统:GPIB 标准总线仪器与计算机为仪器硬件平台组成的虚拟仪器测试系统。

③串口系统:以 Serial 标准总线仪器与计算机为仪器硬件平台组成的虚拟仪器测试系统。

④VXI 系统:以 VXI 标准总线仪器模块与计算机为仪器硬件平台组成的虚拟仪器测试系统。

⑤PXI 系统:以 PXI 标准总线仪器模块与计算机为仪器硬件平台组成的虚拟仪器测试系统。

虚拟仪器软件由两大部分构成。

(1)应用程序

应用程序包含如下两方面内容:

①实现虚拟面板功能的前面板软件程序。

②定义测试功能的流程图软件程序。

(2)I/O 接口仪器驱动程序

这类程序用来完成特定外部硬件设备的扩展、驱动与通信。

开发虚拟仪器,必须有合适的软件工具。目前已有多种虚拟仪器的软件开发工具。

①文本式编程语言:如 C、Visual C++、Visual Basic、Lab windows/CVI 等。

②图形化编程语言:如 LabVIEW、HPVEE 等。

这些软件开发工具为用户设计虚拟仪器应用软件提供了最大限度的方便条件与良好的开发环境。

3. 虚拟仪器的特点

虚拟仪器与传统仪器有着很大差别,传统仪器主要由硬件组成,需要操作者操作面板上的开关旋钮完成测量工作。其测试功能是由具体的电子电路实现的。而在虚拟仪器中,其测试功能主要由软件完成,其操作面板变成了与实物控件对应的图标。所以,虚拟仪器具有以下特点:

①虚拟仪器的面板是虚拟的。虚拟仪器面板上的各种“控件”与传统仪器面板上的各种“器件”所完成的功能是相同的,它的外形是与实物相像的“图标”。对虚拟仪器的操作只需用鼠标单击相应图标即可,设计虚拟面板的过程就是在前面板窗口中选取、摆放所需的图形控件的过程。所以,虚拟仪器具有良好的人机交互界面,使用 LabVIEW 图形化编程语言,可在短时间内轻松完成一个美观而又实用的“虚拟仪器前面板”的设计,使整个设计过程变得轻松而有趣。

②虚拟仪器测量功能是由软件编程实现的。在以计算机为核心组成的硬件平台支持下,通过软件编程设计实现仪器的测试功能,而且可以通过不同测试功能的软件模块的组合实现多种测试功能,因此,虚拟仪器具有很强的扩展功能和数据处理能力。

③开发研制周期短,技术更新速度快。传统仪器的技术更新周期大约是 5~10 年,而虚拟仪器的更新周期是 1~2 年。

④软件、硬件具有开放性、模块化、可重复使用的特点。

⑤通过使用标准接口总线和网卡,极易实现测量自动化、智能化和网络化。

任务实施

本任务建议分组完成,每组 4~5 人(包括组长 1 人),组内成员分别独自完成知识链接相关知识的学习,组长根据成员的学习情况进行分工,各成员根据分工通过分头查阅资料,参加小组讨论,完成相应的工作。

①学习相关知识，分解任务，进行小组分工。

任务分工表

<table>
<tr><td>任务名称</td><td colspan="4"></td></tr>
<tr><td>小组名称</td><td colspan="2"></td><td>组长</td><td></td></tr>
<tr><td rowspan="5">小组成员</td><td>姓名</td><td></td><td>学号</td><td></td></tr>
<tr><td>姓名</td><td></td><td>学号</td><td></td></tr>
<tr><td>姓名</td><td></td><td>学号</td><td></td></tr>
<tr><td>姓名</td><td></td><td>学号</td><td></td></tr>
<tr><td>姓名</td><td></td><td>学号</td><td></td></tr>
<tr><td rowspan="6">小组分工</td><td>姓名</td><td colspan="3">完成任务</td></tr>
<tr><td></td><td colspan="3"></td></tr>
<tr><td></td><td colspan="3"></td></tr>
<tr><td></td><td colspan="3"></td></tr>
<tr><td></td><td colspan="3"></td></tr>
<tr><td></td><td colspan="3"></td></tr>
</table>

②分析当前电子测量技术的发展方向(20 分，其中介绍世界上电子测量技术发展情况 5 分，介绍我国电子测量技术发展情况 5 分，目前电子测量技术发展方向 10 分)。

③分析新电子测量技术的特点和应用(20 分，至少介绍 4 项新技术，每项 5 分)。

④通过网络查找目前先进的电子测量仪器,填入电子测量仪器技术调查表(20 分,至少 5 台仪器,每台 4 分)。

电子测量仪器技术调查表

序号	仪器名称	仪器型号	生产厂商	代表技术
1				
2				
3				
4				
5				
6				
7				
8				
9				
10				

⑤针对某一台先进仪器设备,查找该仪器的功能和应用,主要的技术指标,分析该仪器使用了哪些先进技术,这些技术的作用是什么(40 分,功能和应用 10 分,技术指标 10 分,先进技术 10 分,先进技术的作用 10 分)。

任务测评

教师引导学生对任务进行分析和讨论,针对任务反映的问题,根据各组提出的解决方法,作简短的点评或补充性、提高性的总结,并指导各组进行组内互评,最后完成总体评价。

组内互评表

<table>
<tr><td>任务名称</td><td colspan="6"></td></tr>
<tr><td>小组名称</td><td colspan="6"></td></tr>
<tr><td>评价标准</td><td colspan="6">如任务实施所示，共 100 分</td></tr>
<tr><td rowspan="2">序号</td><td rowspan="2">分值</td><td colspan="4">组内互评（下行填写评价人姓名、学号）</td><td rowspan="2">平均分</td></tr>
<tr><td></td><td></td><td></td><td></td></tr>
<tr><td>1</td><td>20</td><td></td><td></td><td></td><td></td><td></td></tr>
<tr><td>2</td><td>20</td><td></td><td></td><td></td><td></td><td></td></tr>
<tr><td>3</td><td>20</td><td></td><td></td><td></td><td></td><td></td></tr>
<tr><td>4</td><td>40</td><td></td><td></td><td></td><td></td><td></td></tr>
<tr><td colspan="6">总　　分</td><td></td></tr>
</table>

任务评价总表

<table>
<tr><td>任务名称</td><td colspan="6"></td></tr>
<tr><td>小组名称</td><td colspan="6"></td></tr>
<tr><td>评价标准</td><td colspan="6">如任务实施所示，共 100 分</td></tr>
<tr><td rowspan="2">序号</td><td rowspan="2">分值</td><td colspan="3">自我评价（50%）</td><td rowspan="2">教师评价（50%）</td><td rowspan="2">单项总分</td></tr>
<tr><td>自评</td><td>组内互评</td><td>平均分</td></tr>
<tr><td></td><td></td><td></td><td></td><td></td><td></td><td></td></tr>
<tr><td></td><td></td><td></td><td></td><td></td><td></td><td></td></tr>
<tr><td></td><td></td><td></td><td></td><td></td><td></td><td></td></tr>
<tr><td></td><td></td><td></td><td></td><td></td><td></td><td></td></tr>
<tr><td></td><td></td><td></td><td></td><td></td><td></td><td></td></tr>
<tr><td colspan="6">总　　分</td><td></td></tr>
</table>

项目总结

本项目主要介绍了电子测量技术的发展方向、目前新电子测量技术分析、智能仪器的发展，虚拟仪器的发展等内容。通过本项目的实施，了解电子测量技术的发展，熟练掌握通过网络查找资料和总结查找的素材，按照主题和相关的逻辑关系形成技术材料的能力。

项目实训

实训：电子测量仪器的发展分析

应用网络技术，查找当前先进的电子测量仪器相关资料，针对某一台电子测量仪器，撰写一篇介绍先进仪器的论文。要求：题目自拟，需介绍清楚该仪器的功能和应用，主要的技术指标，分析该仪器使用的先进技术有哪些以及作用是什么，字数 5 000 字左右。

思考与练习

1. 简述总线接口技术的特征。
2. 专家系统技术的优点有哪些？
3. 虚拟测试技术的核心思想和实现途径是什么？
4. 智能仪器的组成有哪些？
5. 智能仪器的特点是什么？
6. 虚拟仪器的组成包括哪些？
7. 虚拟仪器的特点有哪些？

附录 A　数值修约规则与极限数值的表示和判定
（GB/T 8170—2008）

A.1　范围

本标准规定了对数值进行修约的规则、数值极限数值的表示和判定方法，有关用语及其符号，以及将测定值或其计算值与标准规定的极限数值作比较的方法。

本标准适用于科学技术与生产活动中测试和计算得出的各种数值。当所得数值需要修约时，应按本标准给出的规则进行。

本标准适用于各种标准或其他技术规范的编写和对测试结果的判定。

A.2　术语和定义

下列术语和定义适用于本标准。

1.

数值修约　rounding off for numerical values

通过省略原数值的最后若干位数字，调整所保留的末位数字，使最后所得到的值最接近原数值的过程。

注：经数值修约后的数值称为（原数值的）修约值。

2.

修约间隔　rounding interval

修约值的最小数值单位。

注：修约间隔的数值一经确定，修约值即为该数值的整数倍。

【例 A.1】如指定修约间隔为 0.1，修约值应在 0.1 的整数倍中选取，相当于将数值修约到一位小数。

【例 A.2】如指定修约间隔为 100，修约值应在 100 的整数倍中选取，相当于将数值修约到“百”数位。

3.

极限数值　limiting values

标准（或技术规范）中规定考核的以数量形式给出且符合该标准（或技术规范）要求的指标数值范围的界限值。

A.3　数值修约规则

1. 确定修约间隔

①指定修约间隔为 10^{-n}（n 为正整数），或指明将数值修约到 n 位小数；

②指定修约间隔为 1，或指明将数值修约到“个”数位；

③指定修约间隔为 10^n(n 为正整数),或指明将数值修约到 10^n 数位,或指明将数值修约到"十"、"百"、"千"……数位。

2. 进舍规则

①拟舍弃数字的最左一位数字小于5,则舍去,保留其余各位数字不变。

【例 A.3】将12.149 8修约到个数位,得12;将12.149 8修约到一位小数,得12.1。

②拟舍弃数字的最左一位数字大于5,则进一,即保留数字的末位数字加1。

【例 A.4】将1 268修约到"百"数位,得 13×10^2(特定场合可写为1 300)。

注:本标准示例中,"特定场合"系指修约间隔明确时。

③拟舍弃数字的最左一位数字是5,且其后有非0数字时进一,即保留数字的末位数字加1。

【例 A.5】将10.500 2修约到个数位,得11。

④拟舍弃数字的最左一位数字为5,且其后无数字或皆为0时,若所保留的末位数字为奇数(1,3,5,7,9)则进一,即保留数字的末位数字加1;若所保留的末位数字为偶数(0,2,4,6,8),则舍去。

【例 A.6】修约间隔为0.1(或 10^{-1})

拟修约数值	修约值
1.050	10×10^{-1}(特定场合可写成为1.0)
0.35	4×10^{-1}(特定场合可写成为0.4)

【例 A.7】修约间隔为1 000(或 10^3)

拟修约数值	修约值
2 500	2×10^3(特定场合可写成为2 000)
3 500	4×10^3(特定场合可写成为4 000)

⑤负数修约时,先将它的绝对值按3.2.1~3.2.4的规定进行修约,然后在所得值前面加上负号。

【例 A.8】将下列数字修约到"十"数位:

拟修约数值	修约值
-355	-36×10(特定场合可写为-360)
-325	32×10(特定场合可写为-320)

【例 A.9】将下列数字修约到三位小数,即修约间隔为 10^{-3}:

拟修约数值	修约值
-0.036 5	-36×10^{-3}(特定场合可写为-0.036)

3. 不允许连续修约

①拟修约数字应在确定修约间隔或指定修约数位后一次修约获得结果,不得多次按3.2规则连续修约。

【例 A.10】修约97.46,修约间隔为1。

正确的做法:97.46→97;

不正确的做法:97.46→97.5→98。

【例 A.11】修约15.454 6,修约间隔为1。

正确的做法:15.454 6→15;

不正确的做法:15. 454 6→15. 455→15. 46→15. 5→16。

②在具体实施中,有时测试与计算部门先将获得数值按指定的修约数位多一位或几位报出,而后由其他部门判定。为避免产生连续修约的错误,应按下述步骤进行。

a. 报出数值最右的非零数字为 5 时,应在数值右上角加“ + ”或加“ - ”或不加符号,分别表明已进行过舍,进或未舍未进。

【例 A.12】16.50^{+} 表示实际值大于 16. 50,经修约舍弃为 16. 50;16.50^{-} 表示实际值小于 16. 50,经修约进一为 16. 50。

b. 如对报出值需进行修约,当拟舍弃数字的最左一位数字为 5,且其后无数字或皆为零时,数值右上角有“ + ”者进一 ,有“ - ”者舍去,其他仍按 3. 2 的规定进行。

【例 A.13】将下列数字修约到个数位(报出值多留一位至一位小数) 。

实测值	报出值	修约值
15. 454 6	15.5^{-}	15
-15. 454 6	15.5^{-}	-15
16. 520 3	16.5^{+}	-17
-16. 520 3	-16.5^{+}	-17
17. 500 0	17. 5	18

4. 0. 5 单位修约与 0. 2 单位修约

在对数值进行修约时,若有必要,也可采用 0. 5 单位修约或 0. 2 单位修约。

(1)0. 5 单位修约(半个单位修约)

0. 5 单位修约是指按指定修约间隔对拟修约的数值 0. 5 单位进行的修约。

0. 5 单位修约方法如下:将拟修约数值 X 乘以 2,按指定修约间隔对 $2X$ 依 3. 2 的规定修约,所得数值(2X 修约值)再除以 2。

【例 A.14】将下列数字修约到“个”数位的 0. 5 单位修约。

拟修约数值 X	$2X$	$2X$ 修约值	X 修约值
60. 25	120. 50	120	60. 0
60. 38	120. 76	121	60. 5
60. 28	120. 56	121	60. 5
-60. 75	-121. 50	-122	-61. 0

(2)0. 2 单位修约

0. 2 单位修约是指按指定修约间隔对拟修约的数值 0. 2 单位进行的修约。

0. 2 单位修约方法如下:将拟修约数值 X 乘以 5,按指定修约间隔对 $5X$ 依 3. 2 的规定修约,所得数值($5X$ 修约值)再除以 5。

【例 A.15】将下列数字修约到“百”数位的 0. 2 单位修约

拟修约数值 X	$5X$	$5X$ 修约值	X 修约值
830	4 150	4 200	840
842	4 210	4 200	840
832	4 160	4 200	840
-930	-4 650	-4 600	-920

A.4 极限数值的表示和判定

1. 书写极限数值的一般原则

①标准(或其他技术规范)中规定考核的以数量形式给出的指标或参数等,应当规定极限数值。极限数值表示符合该标准要求的数值范围的界限值,它通过给出最小极限值和(或)最大极限值,或给出基本数值与极限偏差值等方式表达。

②标准中极限数值的表示形式及书写位数应适当,其有效数字应全部写出。书写位数表示的精确程度,应能保证产品或其他标准化对象应有的性能和质量。

2. 表示极限数值的用语

(1)基本用语

①表达极限数值的基本用语及符号见表 A-1。

表 A-1 表达极限数值的基本用语及符号

基本用语	符号	特定情形下的基本用语			注
大于 A	$>A$		多于 A	高于 A	测定值或计算值恰好为 A 值时不符合要求
小于 A	$<A$		少于 A	低于 A	测定值或计算值恰好为 A 值时不符合要求
大于或等于 A	$\geqslant A$	不小于 A	不少于 A	不低于 A	测定值或计算值恰好为 A 值时符合要求
小于或等于 A	$\leqslant A$	不大于 A	不多于 A	不高于 A	测定值或计算值恰好为 A 值时符合要求

注 1:A 为极限数值。

注 2:允许采用以下习惯用语表达极限数值;

- “超过 A”,指数值大于 A($>A$);
- “不足 A”,指数值小于 A($<A$);
- “A 及以上”或“至少 A”,指数值大于或等于 A($\geqslant A$);
- “A 及以下”或“至多 A”,指数值小于或等于 A($\leqslant A$)。

【例 A.16】钢中磷的残量 $<0.035\%$,$A=0.035\%$。

【例 A.17】钢丝绳抗拉强度 $\geqslant 22\times10^2$(MPa),$A=22\times10^2$(MPa)。

②基本用语可以组合使用,表示极限值范围。

对特定的考核指标 X,允许采用下列用语和符号(见表 A-2)。同一标准中一般只应使用一种符号表示方式。

表 A-2 对特定的考核指标 X,允许采用的表达极限数值的组合用语及符号

组合基本用语	组合允许用语	符号		
		表示方式Ⅰ	表示方式Ⅱ	表示方式Ⅲ
大于或等于 A 且小于或等于 B	从 A 到 B	$A\leqslant X\leqslant B$	$A\leqslant\cdot\leqslant B$	$A\sim B$
大于 A 且小于或等于 B	超过 A 到 B	$A<X\leqslant B$	$A<\cdot\leqslant B$	$>A\sim B$
大于或等于 A 且小于 B	至少 A 不足 B	$A\leqslant X<B$	$A\leqslant\cdot<B$	$A\sim<B$
大于 A 且小于 B	超过 A 不足 B	$A<X<B$	$A<\cdot<B$	

(2)带有极限偏差值的数值

①基本数值 A 带有绝对极限上偏差值 $+b_1$ 和绝对极限下偏差值 $-b_2$,指从 $A-b_2$ 到 $A+b_1$ 符合要求,记为 $A^{+b_1}_{-b_2}$。

注:当 $b_1=b_2=b$ 时,$A^{+b_1}_{-b_2}$ 可简记为 $A \pm b$。

【例 A.18】 80^{+2}_{-1} mm,指从 79 mm 到 82 mm 符合要求。

②基本数值 A 带有相对极限上偏差值 $+b_1\%$ 和相对极限下偏差值 $-b_2\%$,指实测值或其计算值 R 对于 A 的相对偏差值[$(R-A)/A$]从 $-b_2\%$ 到 $+b_1\%$ 符合要求,记为 $A^{+b_1}_{-b_2}\%$。

注:当 $b_1=b_2=b$ 时,$A^{+b_1}_{-b_2}\%$ 可记为 $A(1 \pm b\%)$。

【例 A.19】 510 Ω(1 ±5%),指实测值或其计算值 R(Ω)对于 510 Ω 的相对偏差值[$(R-510)/510$]从 −5% 到 +5% 符合要求。

③对基本数值 A,若极限上偏差值 $+b_1$ 和(或)极限下偏差值 $-b_2$ 使得 $A+b_1$ 和(或)$A-b_2$ 不符合要求,则应附加括号,写成 $A^{+b_1}_{-b_2}$(不含 b_1 和 b_2)或 $A^{+b_1}_{-b_2}$(不含 b_1)、$A^{+b_1}_{-b_2}$(不含 b_2)。

【例 A.20】 80^{+2}_{-1}(不含 2) mm,指从 79 mm 到接近但不足 82 mm 符合要求。

【例 A.21】 510 Ω(1 ±5%)(不含 5%),指实测值或其计算值 R(Ω)对于 510 Ω 的相对偏差值[$(R-510)/510$]从 −5% 到接近但不足 +5% 符合要求。

3. 测定值或其计算值与标准规定的极限数值作比较的方法

(1)总则

①在判定测定值或其计算值是否符合标准要求时,应将测试所得的测定值或其计算值与标准规定的极限数值作比较,比较的方法可采用:

- 全数值比较法;
- 修约值比较法。

②当标准或有关文件中,若对极限数值(包括带有极限偏差值的数值)无特殊规定时,均应使用全数值比较法。如规定采用修约值比较法,应在标准中加以说明。

③若标准或有关文件规定了使用其中一种比较方法时,一经确定,不得改动。

(2)全数值比较法

将测试所得的测定值或计算值不经修约处理(或虽经修约处理,但应标明它是经舍、进或未进未舍而得),用该数值与规定的极限数值作比较,只要超出极限数值规定的范围(不论超出程度大小),都判定为不符合要求。示例见表 A-3。

(3)修约值比较法

①将测定值或其计算值进行修约,修约数位应与规定的极限数值数位一致。

当测试或计算精度允许时,应先将获得的数值按指定的修约数位多一位或几位报出,然后按 A.3 中的“进舍规划”的程序修约至规定的数位。

②将修约后的数值与规定的极限数值进行比较,只要超出极限数值规定的范围(不论超出程度大小),都判定为不符合要求。示例见表 A-3。

表 A-3 全数值比较法和修约值比较法的示例与比较

项　目	极限数值	测定值或其计算值	按全数值比较是否符合要求	修约值	按修约值比较是否符合要求
中碳钢抗拉强度/MPa	≥14×100	1 349	不符合	13×100	不符合
		1 351	不符合	14×100	符合
		1 400	符合	14×100	符合
		1 402	符合	14×100	符合
NaOH 的质量分数/%	≥97.0	97.01	符合	97.0	符合
		97.00	符合	97.0	符合
		96.96	不符合	97.0	符合
		96.94	不符合	96.9	不符合
中碳钢的硅的质量分数/%	≤0.5	0.452	符合	0.5	符合
		0.500	符合	0.5	符合
		0.549	不符合	0.5	符合
		0.551	不符合	0.6	不符合
中碳钢的锰的质量分数/%	1.2~1.6	1.151	不符合	1.2	符合
		1.200	符合	1.2	符合
		1.649	不符合	1.6	符合
		1.651	不符合	1.7	不符合
盘条直径/mm	10.0±0.1	9.89	不符合	9.9	符合
		9.85	不符合	9.8	不符合
		10.10	符合	10.1	符合
		10.16	不符合	10.2	不符合
盘条直径/mm	10.0±0.1（不含0.1）	9.94	符合	9.9	不符合
		9.96	符合	10.0	符合
		10.06	符合	10.1	不符合
		10.05	符合	10.0	符合
盘条直径/mm	10.0±0.1（不含+0.1）	9.94	符合	9.9	符合
		9.86	不符合	9.9	符合
		10.06	符合	10.1	不符合
		10.05	符合	10.0	符合
盘条直径/mm	10.0±0.1（不含-0.1）	9.94	符合	9.9	不符合
		9.86	不符合	9.9	不符合
		10.06	符合	10.1	符合
		10.05	符合	10.0	符合
注：表中的例并不表明这类极限数值都应采用全数值比较法或修约值比较法。					

(4)两种判定方法的比较

对测定值或其计算值与规定的极限数值在不同情形用全数值比较法和修约值比较法的比较结果的示例见表 A-3。对同样的极限数值,若它本身符合要求,则全数值比较法比修约值比较法相对较严格。

参考文献

[1]张道平,侯守军．电子测量仪器[M]．北京:机械工业出版社,2015.

[2]孙簃,吴玢,姜盛东.电子测量仪器[M]．北京:高等教育出版社,2013.

[3]王宏宝.电子测量[M]．北京:科学出版社,2005.

[4]周友兵.电子测量仪器[M]．北京:高等教育出版社,2012.

[5]陈尚松.电子测量仪器[M]．北京:高等教育出版社,2015.

[6]李明生.电子测量仪器与应用[M]．北京:电子工业出版社,2015.